一慢二看三玩

好爸爸育儿36计

李一慢 著

ZHEJIANG UNIVERSITY PRESS
浙江大学出版社

图书在版编目（CIP）数据

一慢二看三玩：好爸爸育儿 36 计 / 李一慢著 .—杭州：浙江大学出版社，2020.5

ISBN 978-7-308-20159-9

Ⅰ.①一… Ⅱ.①李… Ⅲ.①婴幼儿—哺育—基本知识 Ⅳ.① TS976.31

中国版本图书馆 CIP 数据核字（2020）第 068495 号

一慢二看三玩

李一慢　著

选题统筹	陈丽霞　肖　冰
选题策划	平　静
责任编辑	平　静　吴美红
文字编辑	刘　凌
责任校对	闻晓虹
封面设计	鹿鸣文化
出版发行	浙江大学出版社
	（杭州市天目山路 148 号　邮政编码 310007）
	（网址：http://www.zjupress.com）
排　　版	杭州兴邦电子印务有限公司
印　　刷	浙江新华印刷技术有限公司
开　　本	787mm×1092mm　1/16
印　　张	14.5
字　　数	200 千
版 印 次	2020 年 5 月第 1 版　2020 年 5 月第 1 次印刷
书　　号	ISBN 978-7-308-20159-9
定　　价	48.00 元

献 给

胡胡

以及我们的儿女

葫芦和——

是你们给了我机会成为一个爸爸

我爱你们

推荐序 1
让爸爸成为爸爸

一儿一女的妈妈、《父母世界》前主编　朱正欧

如果说，中国的孩子从一出生起就有个天敌叫作"别人家的孩子"，那么中国的爸爸们也开始步孩子们的后尘——除了"理想爸爸"这个宿敌之外，又开始面对另一个可怕的对手：别人家的爸爸。

看吧，网络上、电视里、杂志中，各种各样的会讲道理的爸爸、能画画的爸爸、陪孩子读书的爸爸、全职在家的爸爸……所有这些"榜样爸爸"，瞬间成为被拉高的参照系，让妈妈们开始对自己家的爸爸有了更高的期待。

这不，话音刚落，这位"超级育爸"李一慢便带着他的宝书跳了出来——试想，这"育爸 36 计"一旦抛将出去，又有多少爸爸将要被妈妈念叨："你看看人家！"……

不知道你有没有这种感觉：爸爸们不太会要求老婆"学学别人家的妈妈"，但妈妈们比较热衷于让老公多"看看别人家的爸爸"。所以，在这里我想给看到这本书并且想把它推荐给自己老公的妈妈们写一句话，那就是：让我们多一些耐心、信任和接纳，让爸爸就按照爸爸的方式去养孩子吧！

那么，什么是爸爸的方式？

爸爸只是爸爸，不是导师。越来越多的人把孩子的今天跟妈妈捆绑在一起，把孩子的未来锁定到爸爸身上。这样想是有道理的，但也让爸爸们背上了太多的教育指标。而爸爸是什么？他是与孩子每天生活在一起的人，他用他的存在、他的状态影响孩子。如果他是个爱思考的人，他用他的思想与行动感染孩子；如果他是一个爱运动的人，他用他的活力和习惯带动孩子；如果他是一个细腻的人，孩子自然会吸收到细腻；如果他是一个大条的人，孩子收获的可能是闲淡和随性……所以，让他还原为一个放松

的、不被挑剔的爸爸吧，"人生导师"只当做一份意外收获。

爸爸就是爸爸，不是妈妈。恋爱时我们已经知道"男人来自火星，女人来自金星"。只是当我们的婚姻关系从1.0版升级到2.0版时，我们忘了恋爱过程给我们上的这一课。妈妈们往往出于对孩子的紧张，开始向爸爸提出这样的要求："向我看齐！"家庭治疗大师萨提亚女士有句名言："我们因相似而联结，因相异而成长。"是的，因为我们之间有相通之处，所以我们能走到一起。但也因为我们是不一样的人，我们才能配合彼此，完成成长。

爸爸终归是爸爸，是我们与孩子至亲至爱的人。爸爸是谁？是这个世界上与我们最亲近的人，是我们选择共度终生的人，是我们曾愿意付出一切去爱与关怀的人，是我们欣喜地与其一起创造生命的人。同时，他也是最有可能、最有条件成为孩子的好爸爸的那个人！焦急和烦闷的时候，想想我们决定创造一个生命的初衷，是让在一起的生活更丰富、更完满，还是出色地完成一个"培养任务"？想想这些，或许可以放松一些吧？

好了，各种提醒说完了。下面，我真心地推荐这本"别人家的爸爸"写的育儿宝典。为什么真心推荐？因为作为好朋友，我亲眼见他如何精心为孩子们准备下午茶，如何放手让儿子成为自驾游的路线指挥，如何用最简单的物品让女儿笑逐颜开，如何……成为一个好爸爸！

推荐序 2
养儿育女，我们在路上边学习边实践

新浪育儿前主编　郑先子

与一慢认识的时候，他已经是名副其实的"酷爸"了。作为一双儿女的老爸，他在新浪育儿博主里颇受关注。那时候，他还没有像今天这样全情投入育儿，还会用许多精力写平媒分析的文章，对儿童领域的兴趣正在发生、发展中。那个时候的育儿博客群里聚集了一小撮爸爸写手，互相交流育儿经，在众多妈妈的育儿经中非常抢眼。受到激励和追捧的爸爸们都拿起笔杆子，写起育儿经来，既有不输妈妈们细腻温柔的情怀，又能有理有据、头头是道地进行分析和论述。

女儿经常会说："我就是你身上的一块肉。"确实是这样，妈妈和孩子的牵系是天生的，事无巨细照顾宝宝的时间比较多，加之中国家庭长期以来"男主外、女主内"观念的根深蒂固，妈妈全情投入育儿几乎是无可争议的。可是爸爸就不同，要让他们全情投入家庭育儿中，是需要主动做许多工作的。做了妈妈的女性最难以把控的就是耐心和理性，而这些含义的反向就是——急躁和感性，这些都会在育儿过程中体现出来，影响到孩子的成长。爸爸是不一样的，他的爱是在相处互动中培养起来的，因为生理上的距离，他们可以更有耐心，更加从容，保持距离，拥有理性。女儿有一次对我说："××不喜欢他的爸爸。"我说："并不是这样的，爸爸和小孩的感情需要培养，如果没有机会培养，就会比较生疏。不是不喜欢，是没有机会互相喜欢。"所以，一个完美的家庭，需要爸爸和妈妈在育儿过程中互相搭伴儿。

一慢的家庭看来就是这样，从围观群众的角度看，他们夫妻有很好的协作和分工。他也由养育自己的两个孩子生发出更多的兴趣，拓展到更宽泛的领域，他是很好的故事爸爸，专职的亲子阅读推广人，活动的组织者、筹办人……这些角色不只让他自己的爸爸身份日益"伟岸""结实"，也影响到了不少人。世事常常这样，因为看到了一个好爸爸，然后就会看到在他身边出现更多的好爸爸，这是多好的事情呢！

我们这一代，因为社会、生活及教育环境的变化，有许多不好的种子被种在了思想里，在成人的过程中生根发芽，想完全剔除并非易事。养育小孩，就像是重新经历了一回"个体"成长的过程，虽然很努力，但也不能避免许多问题。育儿，对我们来说，就是一个行走在路上的状态，一个不断学习不断实践的过程。我们都希望可以做得好，还能更好。

　　希望一慢的这本书，可以让还在育儿这条路上摸索前行的你，有个参考的榜样，学习的激励。

 自序

一个有点儿姿色——经常被错认成某一线男星、没有多少育儿资质的男人当了爸爸，居然成了一位小有名气的育爸，这不还写出了如下文字。这给更多才貌双全的男人提供了很好的谈资，瞧，他都可以这样，我为什么不能那样呢？

买一本瞅瞅，看看一慢都比我差在哪里？

不管是你自己买来本书，还是哪位女士买来让你读的，我都对你怀有深深的敬意，你竟然会读这样一本书。我敢保证，这一本书不同于很多唬人的家教书，似乎没有太多的道理，而是充满了具体的做法。

我想请你听我———

◎ 说道说道

从我们的身上，总是看到父辈的影子，我们做了爸爸，该怎样给孩子做好榜样呢？

爸爸参与到家庭教育中的数量、深度和广度正在大幅增长，更多的爸爸在家庭教育中发挥出重大的作用，用自己擅长和喜欢的方式推动着子女的成长。

爸爸在家庭中的榜样示范作用是家庭和谐和家庭教育的重要基石，做一个好育爸就得有范儿。有一点很重要，一切行动听理念——爸爸们抱着什么样的心态来做这些？如同我的名字，育儿第一重要的是慢。慢的是心态，慢的是陪孩子成长的脚步，

慢的是扣动起跑线上发令枪扳机的时间!

只有慢下来,你才会发现孩子的脚心多了一颗痣,你才会听到孩子唱的哆来咪,才会明了孩子说的"呦比"是她枕头旁边小兔子的名字;

只有慢下来,你才会知道不是忙得连陪伴孩子的时间都没有,才会知道爸爸的积极参与会使孩子的情商和智商大大提高;

只有慢下来,你才会和妻子处于一个共同的频道,像当年热恋时候一样——只有你俩知道的甜蜜和苦涩。

看起来,这一大段好像是对爸爸们说的,是不是也说到妈妈们的心里了呢?

这本书里,我用自己和儿女一起成长的故事,向家长传递一个理念:孩子成长的路上一定要有父母的共同参与,在我们和孩子快乐的共处中,时间悄然流逝。慢慢地,我们因养育孩子而更加成熟,孩子们也长大成人。

我想告诉家长的是,育儿教女是考验爱心和耐心的复杂的持续行为,如果我们可以简化到三五条,细化到跟吃饭穿衣那样规整,把家当成核心,我们方可平静下来。"严酷"的子女教育就是生活中的一部分,何不乐而为之?

◎ 技术活

道理说完了,咱来教些"术"。有人愿意买这本书,肯定不愿意只看到老一代专家范儿的唠叨，也不愿听学院派的那些设想，总得给点实用的才好。

确实，孩子立马成人，早教刻不容缓，怎样做个好育爸，你有什么好招？我家适用什么方法？

六个字：一慢二看三玩。

足矣。

没错吧？这么重要的一个主题，就六个字来打发？

那好吧，我给出 36 计。

咱家的方法未必适合你家的娃，那当然，我和你还不一样呢。不过，我还是在每一计列举了一些其他相关的小方法、小技巧、小门道，供你在你家娃身上做试验。无偿提供，仅供参考。

我的一儿一女就是这些方法的"小白鼠"，还有更多的爸爸妈妈在看了我的网络文章和书后，立马行动起来，效果不错。比如，其中最受欢迎的就是家庭电影院和主题游学，因为读者的反馈好、需求多，后来各有专著《影响孩子一生的周末电影院》和《陪你走过千山万水》出版。

这本书分三章，阐述了我养育儿女"一慢二看三玩"的方法：慢是养育理念，尊重孩子的身心发展规律；看是注重从孩子接受信息的最主要来源出发，引导孩子观察、了解世界和自我；玩是顺应孩子的天性，与社会、与他人交往。

也许你会说，很多事儿都有专业的培训机构在做，比如游学、烘焙课什么的，问题的关键是，作为孩子的爸爸妈妈，我们可以在自己家里和孩子做些什么？

用一次去培训班路费的钱买一本书，从中你发现自己也能够和孩子一起看、一起玩的事儿，而且这事正是你苦恼万分、纠结不已的，那就赚大发了。比如：

我家的"五个一"工程，从一首诗、一个字、一个成语、一个典故、一个古人等细微处入手，引领孩子接近古文。

儿童阅读习惯的培养是怎样"从有趣入手，有用拓展到有益成长"？

我家的英语启蒙都有哪些硬件的准备，使用了哪些学习素材？

有哪些好玩有趣的数学启蒙方法？

每一章又分为 12 个育爸锦囊妙计，从具体案例出发，给家长朋友以参考，或者引发家长的思考，促进行动。每一计都相对独立，你大可不必从头读到尾，随意翻翻也许就能找到养娃的灵感。

希望这本书你会读得有趣，而且有用，甚至有益到能改变你和孩子的人生。

祝你好运！

前言 ┃ 慢慢陪孩子走过学前六年

现在社会上在宣传慢活，为了让后代能慢活，我们一定要慢养。问题是你将种子埋在花园，野地，还是温室？

不怪有些家长们着急，因为我们周边就是一个着急的环境。

大环境姑且不谈，我们自己当家做主的小环境也被搞成教室一样，这就是我们的不对了。我记得有个不那么有名的老外说过："一个人成年以后，所有行为都可以在他幼年时期的家庭环境中寻找到答案。什么样的教育方式将会产生什么样的孩子，孩子的性格和命运便与教育方式这一家庭规则紧紧地联系在一起。"①家庭这么重要，我们就不要在家里排课程表了。

一切都改变了。

这也是我要说的家庭教育的目标。

我跟很多父母分享过，他们认为，你这样带孩子真好，好在哪里呢？好在你细心。是的，好在我细心，会细化。有人说，我有空的时候一定要多陪孩子……我计划多带孩子玩……多少是多呢？还有，玩什么呢？

我的这些陪伴孩子的事儿都很简单易行，很多的爸爸妈妈都做过，甚者做得更多：有的远游海外打冰球，近赴深海练潜水；有的一天一首诗，一周一文章……我就希望给普通的爸爸妈妈们一个参照，他们家这样做，挺有意思的，我们也试试吧，

①：出自［美］约翰·布雷萧《家庭会伤人》。

或者我们跟一慢一样，只是没有更进一步……希望你的孩子因此受益，既能爱上阅读从而养成好的学习习惯，还见多识广，又热爱生活，身体健康。这一切，从我们的小小行动开始。

如果有这样的功用，足矣。

目录

+ Contents

第一章 | 慢——我们的内心

家庭教育不是革命，朝夕得成，更不是请客吃饭，伸手可得。家庭教育需要家长们慢下来，想一想自己想给孩子什么，自己能给孩子什么，如何和孩子一起成长。还不能抛下另一半，夫妻俩都不能缺席，还要有自己的生活，毕竟家庭关系中，夫妻关系是核心。

　　爸爸和妈妈都得在发挥本色的基础上，尝试着用自己喜欢和擅长，且孩子易于接受的方式，带领孩子从认知自己、探索世界，到一起成长为一个社会公民。

　　把时间放慢，共享成长；把心态放慢，知晓孩子有各自的生理成熟度，节奏比速度更加有益、有效；慢在明白孩子的起跑线不是由他人划定的，而是由你设定的，起跑慢是为了积蓄力量。

　　在家庭教育中最需要教育的是家长——包括幼儿的父母和爷爷奶奶、姥爷姥姥。作为最疼爱关心孩子的这个特殊小团体，他们都对幼儿的教育越来越重视，但是其教育理念不尽相同，教育方法更是五花八门，绝大部分是基于经验主义的幼儿教育方法。目前的教育体制依然不可动摇，其一就是因为我们家长的幼儿教育理念和水平比较差！

　　正在高速飞奔的你和我，还能想起儿时的梦吗？

第一讲 育爸要有范儿
——你的样子，孩子的榜样

孩子需要什么样的榜样？

父母做好自己就行吗？

怎样给孩子好的示范？

在一次少儿晚会录制现场的抽奖环节，我隔壁的孩子的座位号没有被抽中，而他的妈妈却鼓励他上去领奖，并且说"反正也没有人来核对"。出于一个教育者的关切，我没有起身让孩子走出去，意在提醒家长不要逼着孩子走错路。可是，那个妈妈却引导着孩子从另一侧走出去并上台领奖——奖品是一个漂亮的书包！

他们家缺那个书包吗？这正是这个孩子所要面对的一个两面的家长——一方面希望孩子长成一个正直善良的人，另一方面却为了微不足道的"小利益""小便利"，将家长的"负能量"传递给孩子。而且，在这样的鼓励下，很容易给孩童埋下假恶丑的种子。

我翻看过很多家庭教育的书，有各种各样的家庭教育方法，我觉得最重要的就是"榜样示范"，这是从大自然中得到的纯自然教育法，是颠扑不破的真理。

模仿是孩子的天性

6岁以前的孩子"自我发展"靠的就是模仿。孩子的大脑在快速发育中，空白处很多，吸收性很强，纯洁度很高，富有模仿性。他们无法对环境中遇到的一切进行辨析，会照单全收地刻进心灵——看到好的举动无形之中就得到好的影响，反之就吸收坏的，习于善则善，习于恶则恶。近朱者赤，近墨者黑。

对于幼儿而言，家庭是其中最重要的环境。因此，家庭教育是一切教育的起点，父母是儿童的榜样，儿童是父母的镜像。"早教"的内容，实质上就是父母每日在婴幼儿面前的一言一行。不经意间，父母的一举一动就已经"开发""教育"了孩子。

回想起来，我们自己的成长，多是跟着父母的脚步，推敲一下自己，很多方面是父母的拓本，或许有这样那样的不满意，但这是最真实的教育。

要是跟他们聊一聊自己小时候的教育，估计老人们也说不出什么大道理。最起码不会像现在的一个流行说法——陪伴孩子长大，因为那时的我们在"陪着"大人长大。他们在工作、生活，我们都是跟在旁边学习。现在多数家庭只有一个孩子，大人们把孩子当成了陪自己的"玩具"。

一个重要的原因是我们过于焦虑，孩子们幼小的身心也跟着我们的忧虑而"四处奔波"：还未在母亲的怀抱多少时间，就开始在亲子班的"课堂"里接受他人的教化；还未在自然的氧气里深呼吸，就从一个封闭的空间转战到另一个封闭的空间。他们哪有时间真正自由而自然地长成自己？我们哪有时间与他们没有压力地和谐共处？

身边经常有这样的故事发生：花了重金上早教课程的孩子结束了有亲子课教师的"专业的高级陪伴"回到家后，又要重新适应"初级"的隔代看护。一对地道北京父母的孩子却是一口东北腔，因为比他俩更长时间陪着孩子的是东北保姆。

作为父母的我们，必须做到：在孩子面前的言行应当合乎道德规范，不要做我们不希望他们模仿的行为；我们要为孩子提供值得模仿的环境，让他们的身心成长空间充满真善美。

孩子的价值观的根基来自父母的榜样示范，之后的学校教育和社会对孩子的调适需要经过孩子内在的对抗乃至革命，才会发生重大的改变。影响孩子的除了权威的父母和老师外，还有孩子的小伙伴，特别是中学前后的同学，因不同的教养环境所呈现出的不同的行为举止，会相互影响，成为孩子很容易接受和吸收的部分。

做好你自己，孩子自然会好

做好你自己，给孩子提供模仿的最佳范本。

◇ 机会

我们都知道"养不教，父之过"，孩子是在向父母学习，孩子的教养不够，显然是父母自己的教养不够的体现。

父母的榜样价值体现在亲子关系的稳固度上。孩子知道父母对自己是无条件的爱和关怀，信任父母的思考、决定和表达，接受父母传递的一切信息，并进行过滤和分析，吸收，固化，形成自己的行为标准。

为此，父母应该给孩子提供可供模仿的案例——孩子能观察和感受到的每一次工作或游戏。夫妻之间如何沟通和处理分歧，影响着孩子的社会交往能力；家长看书还是看电视，不仅影响着孩子阅读和学习习惯的培养，电视的碎片化和不合时宜的内容甚至影响孩子大脑的发育。你见到毛毛虫的时候尖叫，孩子会比你叫得更响；要是你认为这菜很辣，他会接受你的判断……

父母的一切言行，孩子都会模仿，而且非常放心地模仿，从不担心后果。

在我的一次家庭教育讲座后，有位爸爸当即就表了决心：我周一到周五工作很忙，很少回家吃饭。早上出门，孩子没醒；晚上回家，孩子已经睡着。我以后一定一周拿出一天时间来陪孩子，来教育孩子。这里面就有一个误区，父母对于孩子的教育和陪伴不应是刻意的，而应渗透到平日的生活中。你周一到周五如何"放弃"家庭，"忙于"工作，抽不出时间来陪伴家人、陪伴孩子，就是在教育孩子将来如何对待家庭、对待自己的孩子。如果你的孩子不具备自我否定的强大勇气，你目前的样子基本上就是孩子将来的状态。

◇ 态度

有人会说，我也知道父母要做孩子的好榜样，可是我生来就喜欢玩，不愿意读书；或者说我就是一个运动狂人，当然坐不住，这可如何是好？

了解了自己的特点，然后去选择自己喜欢、适合的方式养育孩子，大家都轻松。玩也好，运动也好，并不是家庭教育中的不足，只是你要带着孩子在你最熟悉的领域在广度和深度上慢慢发展。

其他被家长们认同的发展方向，我们可以尝试"做"，比如读书这事，可能你不喜欢，但你希望孩子能有阅读的习惯，那很简单，在你要求孩子看书前，自己先找出书来阅读。想想过去你喜欢过的金庸、古龙、莫言，或是琼瑶、亦舒、张爱玲，哪怕只是图画书、学生时代的《读者》、工作中要用的《别告诉我你懂PPT》，都可以找出来看。

希望孩子做到的同时，也需要自己能做到。

可能有些事情家长未必能亲自去做，有些兴趣爱好显然不是家长能实践的，比如女孩儿的舞蹈，但家长的态度要积极向上、踏踏实实、持之以恒。

◇ 规范

我向来不反对"爱与自由",这样的家教理念对父母的要求很高。很多家长自己还没摸清楚,就在此口号下"弃权"了。子曰:"其身正,不令而行;其身不正,虽令不从。"这说的是执政的事,用在家庭教育上一样行得通:自己做不到的事情,要求孩子做到,非常困难。采用"双轨制"的家长,结果必定是威信扫地,教育无力,走向家庭教育的"邪路"。

大人们在孩子面前是透明的,孩子看大人看得很透。有时候大人在掩饰,或者"表演",却总是掩盖不了大人的气息、语言等各种信息,孩子都能像镜子一样接受,适当的时候就会把你施与的"演"给你看。

叶圣陶说过这样的话:"身教最为贵,知行不可分。"这就是在强调榜样的力量。

◇ 为孩子提供一个值得模仿的环境

爸爸妈妈除了要提供合适的机会让孩子模仿,还应该尽量为孩子提供值得模仿的环境。

孟母三迁的故事就是告诉我们要这么做。因为幼儿真实地与周围的世界"长在一起",感觉不到自身和外部世界到底有多大的区别,环境中的一切都是学习、模仿、吸收的对象,居住的小区、父母之外的代养人、亲子教育机构都会对孩子产生影响。家长应负责任地加以选择,并且教育孩子养成适应环境的基本能力,比如遵守秩序、尊重他人。

好童书慢慢读

《和爸爸一起读书》

书中的爸爸不仅仅是在为女儿读书，更是把亲子共读这样的教育方式传递给了女儿。

当读书成了我们日常生活中的一部分时，什么工作忙碌、什么讲得好不好，都不再是借口。爸爸热爱上这件事，对于孩子的成长特别有利。把爸爸的故事口袋善用，如果再固化——定时定点地坚持下去，孩子得到的就不仅仅是阅读的习惯，更是学会如何生活。

第二计 心急吃不了热豆腐
——不是不能，时候未到

孩子的身心发展都一样吗？

不给孩子压力对他们好吗？

我怎样才能不焦急？

7岁儿子要爬墙，5岁女儿才跳绳

儿子上了小学，在他感兴趣的课外班中选了钢琴，正合我和他妈妈的心意，我俩都希望他把钢琴作为音乐的启蒙，并且能够对妹妹的音乐爱好有个示范作用。

有一天，我送儿子上钢琴课，他说："爸爸，今天我不走大门，我爬进去吧。"我愣了一下，这么高，还有尖刺，挺危险的，这小子居然要爬，而且这是公共场合的栏杆。但是我依然点头同意了。只见他"噌噌噌"就爬了过去——半年前，他还不能爬上半人高的石头墙呢。

我发现儿子是个慢性子，很多事情都"比较"慢，虽然知道不能去做比较，不能贴标签，但还是经常性地"操之过急"。就这个问题，我们夫妻讨论了很多案例，反省了我俩对儿子的"慢"采取的一些不良应对措施，比如过度期望，比如错位衡量，比如催逼式的语言暴力，比如越位的替代思考和行动……或许习惯已经养成，他做事情从来不慌张，甚至还有点宠辱不惊的"境界"。有一次我跟一位妈妈谈起儿子的反应慢，她说："对自己喜爱的东西能保持一定的距离，是很难得的品性啊。"

女儿上了大班，有跳绳的项目，她一个都跳不了，就自己跟自己较劲。我们夫妻俩就在家里给她补课，把我们觉得很简单的动作教给她，过了几天，女儿能跳一个了，再过几天会跳三个了，没多久就能跳得很好了。

耐心等待，给孩子时间

确实，慢就是一种距离，是一种"境界"，只不过，这种境界逐渐地被成长给废掉了。因此，才会有 21 世纪所提倡的慢生活。

我们要等等孩子。孩子主动要刷碗，你乐得高兴，心里想：嘿嘿，这下自己可以省点事了，孩子爱劳动的习惯也能有了。待到你去厨房一看，地面水淋淋，袜子湿乎乎，水流不停……一片狼藉。你是心里搓火，言语冒火，恨不得把孩子一脚踢出去？还是假装没看见，忍住内心的咆哮，等待着孩子完成刷碗的任务，然后还要赞叹一声，再找机会进厨房处理案板上的汤汤水水、地板上的小河流水？无疑后者是对的，但是又有多少家长能心平气和地那样做呢？

在一次家庭聚会中，我的二哥对他在小学二年级第一次蒸馒头（现在的小学生谁还有这样的机会？）的经历记忆犹新：水放少了，馒头蒸糊了，挨了老妈的一顿拳。我们夫妻俩都"腹黑"了一把："原来二哥成为大厨师，是被打出来的啊！"

给孩子一点时间，给孩子一些空间，我们都慢下来，跟着孩子一起成长。

好童书慢慢读

《等一等》

在这个文图熨帖的故事中，妈妈的"快一点"从一开始的看手表就给人时间紧迫的感觉，很多线索——挎包里的黄色雨衣和黑色雨伞（这当然要看到最后才恍然大悟）——也可以预测到妈妈的"快一点"是多么的有道理。也有读图能力强的小人儿，比如我闺女就发现了——毕竟在这么干净利落的画面中，妈妈的挎包特别能引起孩子的注意吧，尤其是小女孩。公园里喂食鸭子的悠闲男人脚边也放着一把黑伞；经过彩虹冰激凌的诱惑后，我们发现了新的线索——车站的指示牌："哦，原来要去赶火车呢！"这可是要抓紧的事情啊，而正是这个时候，眼尖的孩子看到了那条与他"撞衫"的鱼！这是何等的心明眼亮啊，这样对生活的观察和体验要有多少次"等一等"的演练啊！即便是到了要"乘车"的时候，孩子依旧可以发现花坛里的蝴蝶"是一朵不会飞的花"！

3
第三计

小仪式，大作用
——创造家庭传统

家里需要仪式吗?

仪式怎样才能变成家里的传统?

怎样的仪式适合发展成为家庭传统?

每年元旦泡温泉

写下这段文字时，正值北京最冷的几日，零下16摄氏度，这和东北那旮旯儿的零下好几十摄氏度不可比，但比南方冰冷很多。在这种日子里，我们一家人讨论去哪儿泡温泉。

这是我们第七次全家人去泡温泉，和过去六次不同的是，小姨一家去不了了，因为她很快就要当妈了。过去每一年的新年元旦，我们两家人还有老人都会一起去泡温泉。

第一次泡温泉的时候，儿子才半岁，胖嘟嘟的，根本没把室外温泉的忽冷忽热当成一回事，乐呵呵的。第二年，儿子对住宾馆有了深刻的印象，总是念叨着要"泡温泉、住宾馆"，甚至家里有间卧室是两张床，也被他当成了宾馆。第三年，女儿刚满月，分散了妈妈的注意力，我和儿子乐得比大家多泡了好几次。

这一次，我们又引进了一个活动——读书：各自选自己喜欢的书，读给大家听。我选的是约克·米勒的那本大大的《推土机年年作响，乡村变了》，孩子带的是《我想去看海》。第四年，我们开始带上投影仪播放电影……

慢慢地，这些小小的活动成了这个家庭新年活动的组成部分。新年泡温泉从最早的一个偶发的家庭活动变成一个固定的家庭聚会，成了家庭的仪式。

泡出感觉来

仪式具有这样的好处，一旦坚持下去，就很容易形成家庭习惯，成为家族传统。试想一下，我们会把这样的事情坚持到孩子离开我们身边之前，假定他们 18 岁离开父母身边，我们可以 18 次在一起泡着温泉迎接新年。随着他们的长大，我们也会增加一些新的小仪式，让这样的一个家庭聚会更加有趣好玩，而且别有深意。即使将来新年时大家不在彼此身边，也总会想起这些温暖的时刻。

家庭教育需要仪式，培养好习惯可以从仪式感很强的活动入手，从有趣的、有意思的仪式入手，重复多了，就是习惯。习惯坚持下去，就会被所有参与者内化吸收。

刚开始泡温泉的时候，还没觉得有什么。之后，家庭成员间互相提醒，一年一年地坚持下来，就成了成员们要记住、要参与的事情了。

家里仪式多种多样

仪式不分大小，很多事情都可以成为家庭的仪式，加以坚持就好。有的家庭吃饭一定要等全家人都上座才开始，有的家庭把睡前故事读成固定节目，有的家庭在暑假一起去某个地方旅游，有的家庭每年在小区的一棵树下照一张合

影，有的家庭每年到照相馆照一张全家福……

当把读书、写信、留言条、合影等等这些能带给孩子美好记忆的事情变成家庭小仪式后，慢慢地，这些仪式会印刻到孩子和我们的生命之中，成为孩子成长中的一部分，成为我们生命中的一部分。

说到对这个计策的指导，我觉得家长有必要为自家的亲子活动设计仪式。不是说都要去泡温泉，也不是说非得到元旦。每一个日常的行为，都可以进行这样的设计，哪怕是吃早餐，就如同童书《美丽星期五》中所述的那样。

就用书中的吃来畅想吧：比如"爸爸早餐日"，可以选某一天早上由爸爸来负责早餐；比如"孩子做饭日"，每周孩子们参与做一次饭；比如"野餐日"，每个月在外面野餐一次；比如"各地美食日"，每月去品尝一处驻京办的美食；比如"全家逛市场日"，定期一家人去菜市场……

当然，还可以像这个故事那样美丽：

有一位 70 后爸爸，有一次很偶然地拥抱了他老妈，把老太太给感动得不行。老太太跟其他的老人家说起此事，满脸洋溢着幸福，而这一幕恰巧被儿子看到了。从此，儿子每次跟老太太告别，拥抱便成了仪式。我想，有了这样爱的小仪式，老人家的心里会更加温暖，身体会更加健康。

有位年轻的妻子因为从小看自己的妈妈给爸爸洗脚，所以她婚后也通过这种方式把自己的爱传达给老公，而没有这样经历和感受的老公却"吓得直躲"，她就把自己父母的这个仪式说给他听，现在夫妻俩很享受这种爱的施与受。

这些都是爱的表达，我也会给孩子其他的表达，比如写明信片（参见第 5 计：给孩子写张明信片——爱要怎样表达）。

你想传递给孩子的无论是精神思想，还是生活习惯，或者是各种能力，都可以分解成小小的目标，通过小仪式来尝试和坚持。每天固定时间的亲子共读，每周一次的 Movie Day，一月一次的文艺演出观看……无一不是在传递我们愿

意给予孩子的美好。

　　找到你家的小仪式，固化它，它会变得越来越容易实现；美化它，强调它的重要性，坚持下去成为传统，让它成为一件孩子们长大后仍然会记忆犹新并且愿意传承下去的事情。

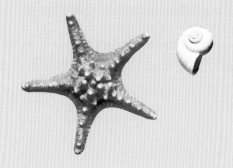

好童书慢慢读

《美丽星期五》

每到星期五，儿子就特别的兴奋，因为这一天不是在家里吃妈妈做的早餐，而是跟着爸爸去一家餐馆吃早餐。到了这天的早上，父子俩就比往常早一点出门，一路上他们观察周边事物的变化，同路上的人们打招呼，还分享开心的话题。到了餐馆，服务员早已和他们熟悉了，打过招呼后，就给他们提供他们喜欢的食物。父子俩一边吃着早餐，一边聊聊天，看窗外的人们匆匆而过……

不管是雪天、晴天还是雨天，能够有一个父子独处的机会，有一个属于父子的星期五早上，那是相当的美丽啊。

新年爬山
——放眼未来的契机

为什么说春节适合进行家庭总结？

冬天爬山合适吗？

爬山前要做些什么准备？

⋯⋯⋯⋯ 发起一个全家参与的集体项目 ⋯⋯⋯⋯

什么项目比较适合锻炼身体呢？大球、小球、击剑、骑马都行。有时间，有钱，孩子有兴趣，就让他们去学。练出趣味来，练出水平来，将来能影响孩子，成为孩子的一项技能。有没有一个全家都能参加、经济适用、简单易行的好项目？

爬山。全家可共爬，不仅锻炼身体，而且怡情养性。爬山的管理流程简单，目标清晰，执行起来需要体力和毅力，有时候还需要脑力，过程可以是狂风暴雨，也可以是和风暖日。

我4岁时，我们家搬到一座海边的山城。家在半山坡，学校在另一个山头上，涧沟是我们玩水滑冰的好场所，身后的山是我们野餐锻炼的乐园……从来没觉得在山上走路会累，现在却连景山、香山都要去"爬"了——不过这样低矮的小山对于锻炼孩子很有好处，他们会慢慢喜欢上登高的感觉。比如我们每次登上景山都会对南边的故宫赞叹一番，天气好的时候，可以看到北京东边楼宇逐渐抬升，直到看见最高大楼的整个轮廓，以及西边从北海白塔到中央电视塔的整个轮廓，这样的城市轮廓和天际线，让我们感叹流逝的时光，感受扑面而来的未来。

春节登高好望远

随着孩子的长大，我们爬山的频次渐渐增加，但都是在北京几处不高的山。偶尔也会去外地登山。从2011年起，我们开始固定在农历春节去登高山，目前已经攀登了泰山、衡山、嵩山、黄山、庐山、天柱山和恒山。

是不是很奇怪？寒冬腊月去爬这些高山不好玩啊，很多东西看不到。确实，有些名山景区冬季不是最佳游玩时节，但是我们这样的安排本身就不是通常意义的旅游，而只是简单的爬山，意在锻炼身体和磨炼意志。我们中国人都以春节为一年之始，新年登高，给自己设定一个目标，然后一步一步地攀登上去。更何况，春节登山没有景区旺季时的人山人海，可以从容地走好每一步。

爬山前我们要做好一些准备，特别是要规划好攀登的路线、分配好去各景点的时间，毕竟学前孩子们的体力有限。我们登泰山的时候，就事先征求了孩子们的意见，把路线告诉他们，结果孩子们都愿意自己爬最后的十八盘和顶峰，因此我们自始至终抱着一定要登上顶峰的信念。

孩子们对承诺看得很重，他们会期望遵守承诺，而我们要创造让他们遵守承诺的条件。在陡峭的十八盘路段，女儿早已累得不行，之前用的一些鼓励方法也不便常用，除了增加休息的次数外，我们解除了这几天为了保护她的牙齿所设的吃糖禁令，以登山体力消耗大需要补充糖分的由头给她奶糖吃，并且约定了最后几段的休息点。儿子是那种默默承受、努力攀登的孩子，他虽不拒绝喜欢的糖，但没有糖的话也会爬到顶。而女儿，用她妈妈的话说，要是没有那几颗糖，以她的体力和意志不一定能登顶成功。

那时女儿刚过 4 岁，能够自己登上泰山对她来说很有意义，让她有了成功的体验，有了自信的累积。其后的衡山和嵩山，她都是自主爬山，连要我们抱的想法都没有。

女儿第一次爬高山其实是在她 1 岁半的时候。那一次，我们去的是山西的绵山，高高的台阶上留下了她蹒跚的脚步。

我希望新年登山能成为我们家的一个仪式，将来也能成为一项家庭传统，和自儿子诞生那年起一直持续下来的"元旦泡汤"一样。"元旦泡汤"主要是对过去一年的总结，要将过去的所有烦恼一泡了之。然后用一定的时间思考新一年的打算，在春节登高之际，跟大家分享自己的新年计划，再去登高望远，让自己有新的开始。

 ## 带孩子爬山不只是体力活

谁不会爬山？是啊，都会。那就对照对照我在下面给出的建议，还有补充的吗？

爬嵩山之前的家庭会议上，我介绍了几条爬山路线，最后选定了从嵩阳书院开始的路线。然后，我和儿子就在路线本上把路线画了出来。让孩子画路线，你没有干过吧？别惭愧了，下次就试试吧！建议买那种细方格本，这样画线和标注都方便些。

我会将我已经知道的关于嵩山的故事、知识梳理一下,从"阳城"到"登封"的地名变化要说，特别是阳城是夏都的传说、武则天登嵩山改地名的故事要讲。讲故事可是我擅长的。你给孩子编讲过故事吗？没有的话，那就在下次爬山前准备几个吧！

因为嵩山分太室山和少室山两路，到了山脚下看得更加明显，所以关于太室山和少室山的传说最好留到能看到山的时候，再跟孩子们说。

当然，要记得把嵩山的高度精确地告诉孩子，以及记得将它和孩子们已经登过的泰山、衡山做个比较。

这些准备会让孩子熟悉要爬的山，某些点甚至可能成为孩子的兴奋点，提升他们的登山兴趣。

爬山开始的注意事项，大家都熟，容我选重要的说几条：

从孩子上了幼儿园开始，你都是鼓励孩子自己系鞋带吧？在上山前，你一定要仔细检查一番，最好提醒孩子重新系一次。

你做热身运动吗？不需要？才怪呢！热身运动不仅仅是为了活动开全身的关节、韧带、肌肉，更重要的是引导孩子养成这个习惯。把你能记住的学生时代的放松动作都来一遍，或者请孩子来当教练吧。

都说上山容易下山难，特别是下山时，腿肚子直打颤。告诉你个秘诀，下山时候步子放大一些，会轻松很多。不过，一定要放低重心。

接下来如果是较长时间的休息，不要立即停下来，做些缓和的放松运动，让原本快速跳动的心脏慢慢恢复正常。还有让汗慢慢地干，记得买个孩子专用的吸汗巾，贴身挂着，休息的时候拽出来。

看到登山的孩子，就算是正在泄气的、哭闹的、休息的、耍赖皮的，也别忘了称赞他。稳重起见，可以这么说："这孩子爬到这么高了，真不错！"想要激情四射一点，可以这么说："哇，好厉害的小朋友，没多大吧？都爬这么高了。"一箭双雕，一语双关，既给那位小朋友打了针鸡血，又能撩拨起自家孩子的斗志。这些看似细微的鼓励，能鼓舞孩子坚持前行。

![图标] 好童书慢慢读

《月下看猫头鹰》

冬天，黑夜茫茫，深雪覆盖，森林里的道路幽且长。

小女孩跟着爸爸出门了，她要和爸爸一起去森林中央看猫头鹰。在爸爸的呼唤下，一个黑影子飞了出来，小女孩和猫头鹰你看我，我看你，看了一分钟、三分钟，或者足足看了一百分钟……

不知道这样一段冬日月光下的雪夜探秘之旅，会对女孩的未来有着怎样的影响。我们能看到爸爸对于女儿的尊重和珍视，看到父爱的榜样示范给女儿的有益影响，当然也能看到父女的浓浓情意。

5

给孩子写张明信片
——爱要怎样表达

表达还要用写信这么老土的方法？

如何向妈妈表达爱意？

我给孩子写什么呢？

---------- 向妈妈表爱意 ----------

2013 年 1 月 4 日适逢"数字谐音理论界"的"爱你一生一世"，这些小机灵，老一代的我们大概知道，但用得少。可咱的娃得知道，得去表达啊。于是，下午我在接两娃回家的路上就自言自语道："今天的日子比较特殊，爸爸今天要向妈妈表达爱意。"这果然引起了孩子的关注，为什么啊？到底什么日子啊？"这还真不是什么日子，只是这日子的数字很特殊——201314，就是'爱你一生一世'，这个谐音是我要跟妈妈说的话。""我也是，我也要说。"孩子们喊。"那我们除了说之外，还可以做什么呢？"

两个小脑瓜开动起来，设想了很多种方法，主要包括：儿子要买眼镜——因为妈妈的眼镜刚刚断了腿；买康乃馨——他还记得母亲节买的康乃馨。闺女要做贺卡——她现在是贺卡达人，别说谁的生日、哪个纪念日了，平日里没事儿就做个贺卡给我们当"惊喜";买康乃馨——这纯属跟屁虫行为,她会把赞同的哥哥的提法自己再说一次。

此时我做了适当的引导,集中到妈妈喜欢什么花的问题上,然后在一番猜猜看的游戏中,得出百合花的答案。我大致介绍了百合花的基本知识,同时否决了妹妹说的要买粉色百合花的意见——没说粉色百合花稀少,我只是告诉她,我们要看看妈妈喜欢什么颜色,而不是选自己喜欢的——有点儿说教,但没办法,育儿就是这样,时不时总是要说教一番。

我们东方人很含蓄,总是爱你在心口难开。像这样的特定时日,正好可以用我们的言行给孩子们上一堂爱的表达课。

表达的方式有很多,可以是口头的、行动的、文字的。文字表达对于多数人来说,已经淡忘了,所以现在有很多写作培训班。而我们要学习的写作,不仅仅是写完以后让老师批阅,然后用红笔写上分数,我们更要写出自己的心声,写给最愿意读这些文字的人。

总之,我们对孩子的爱、对长辈的爱,特别是对另一半的爱,一定要表达出来,能说的说,能写的写,会唱的唱,再不济,每天早上出门前、晚上回家后,给彼此一个拥抱,一个爱的仪式。

明信片,写出你的爱

我的儿童阅读步骤中,有一条是图画书的阅读会促进儿童的表达,包括语言表达、文字表达和艺术表达。我经常讲的一个案例就是给孩子写文字,可以在即时贴上写,也可以在记事本上写,一旦有外出的机会可以给孩子写信、写明信片。

我每到一个地方就到处找邮局,买印有当地风土人情的明信片,写好就寄回家。这就是爱的表达,也是在告诉孩子我们可以用文字去表达爱。信寄回家,

孩子还不识字时，都是由妈妈代传，我们要表达对妻子儿女的爱，这也是在给孩子做榜样。

写什么呢？

想到啥就写啥，看到啥就写啥。

我在唐山的时候给儿子写过一张明信片：1976 年 7 月 28 日，唐山发生了大地震，死伤二十余万人，现在唐山建设得很漂亮。

明信片中的父爱，相信儿子能体会到。

他们也学会了用这种方式表达爱，我们去旅游的时候，他们都会抢着给姥姥写明信片。

有时候，人回家了，信还没到，等信来了，再亲口读给孩子听，又是不一样的感觉。

好童书慢慢读

《米爷爷学认字》

米爷爷会修长木头篱笆，也会做牛奶松饼，但是他不认识字。他会把树做成桌子，也会采收枫树汁制成糖浆，但是他不会拼音。他辨认得出动物的脚印，知道季节变化的征兆，但是他分不清字母，不认得字。于是他去学识字……有一天，米爷爷从学校带了一本诗集回家，藏在枕头底下。等到晚上，他和米奶奶上床睡觉时，才把它拿出来，先念了描写玫瑰花柔嫩花瓣和甜甜香气的诗，接着又念了一首描写海浪的诗，最后又念了一首述说爱情的诗……复述这个故事就很美好，爱需要表达，文字可以帮助我们更好地表达。

《不会写字的狮子》

有一头不会写字的狮子，见到了一头美丽的正在读书的母狮子，立刻喜欢上了她。他觉得看书的母狮子是淑女，对待淑女，应该先写信给她，才能亲吻她。这是一名传教士说的，而传教士已经被狮子吞了。可是，狮子不会写字。于是他找了猴子、河马、屎壳郎、长颈鹿、鳄鱼和秃鹰帮他写信，但没有一次是成功的。狮子气得直叫："我想写信告诉她，她是多么美丽；我想写信告诉她，我是多么想见她。我只想和她在一起，懒洋洋地躺在树荫下，欣赏夜晚的星空，为什么这么难？"美好的童话总是有美好的结局。"你怎么不自己写？"母狮子听到后问。"因为我不会写字……"

6
第六计

家庭会议定大事
——给孩子靠谱的平等

什么事情要在家庭会议上讨论?

家庭会议有特定的流程吗?

孩子不会开会怎么办?

-------------------- **让孩子的话有分量** --------------------

好像现在开家庭会议的家庭很多,至于会不会开则另当别论。有些父母把家庭会议当成是解决问题和争端的机会,而不是将其用于预防和商讨问题,并提出解决方案、制订行动计划。当然,这也并不意味着出现问题和争端,家庭会议不是个解决问题的好方法。

我们可以利用家庭会议和孩子探讨各种各样的问题,特别是孩子们提出的稍微"重头"的要求。另外,涉及全体人员时间安排的事项、家长工作上的变动也可以在会议上发布消息。我们家的家庭会议内容比较多地集中在兴趣班的选择上。

有规律的家庭会议可以给所有人发言和排除郁结的机会,每个人都可以发表自己的看法。要提醒父母的是,一定要学会在孩子发言的时候认真倾听,不

打岔。

对孩子来说，家庭会议的好处之一是让他们从小觉得自己的话有分量，可以尝试着发表自己的言论，练习怎样更好地进行表达。

有些级别不高的事项，比如周末去哪里玩，下一次过生日时做什么口味的蛋糕，明年到哪一个已经去过的温泉，可以一人一票，由票数决定行程。在一些涉及家庭成员间的重大选择和决定时，父母可以主张拥有更多的票，比如一票算两票。毕竟孩子对成人的世界了解不够多。

忍到孩子说完再发言

有一次家庭会议，我们讨论了春节的安排。大家真的是在出谋划策，这个过程本身就充满趣味。我事先跟儿子做过沟通，当然，跟妻子的沟通更早，双方要先取得一致意见。然后请儿子在家庭会议上做提案。这个阶段的妹妹，基本上是一个很好的质疑方——她总是要跟哥哥唱反调，那就让她去唱吧。你别说，有时候孩子们的说法值得我们再去思考方案的可行性。

儿子的表达没有我们想的那样清晰，也不一定按照我们的顺序去说，我们能做到的就是忍住，等待孩子按他的思路述说完毕。最好是他能问："爸爸妈妈还有什么补充？"如果不问，我们可以举手发言，提醒他是否还有没说完的。到了这个流程点，父母完全可以做出明确的提示。

家庭会议也是了解家庭成员想法与兴趣的合适场所。每个孩子都有自己当下关心和感兴趣的事情，鼓励他们在一定的场合说出来，也比较有利于我们了解和掌握他们的想法。这可不是套取情报，民主也需要集中。更多的信息也有助于帮我们做出对孩子有利的决定。

我经常给其他的小朋友讲读故事，比较善于跟孩子互动，也知道怎样的表达更能引发孩子参与讨论。比如在家庭会议中，我们可以这样表达："如果……，怎么办？"这样的问句能够引导孩子从问题的另一个角度去思考，从对方的角色去思考。

孩子参与的家庭会议的大方向应该在父母的掌控之中，这样的会议意在给他们提供表达的空间，帮助他们学会讨论和尊重他人的意见。

不过，我们也有教训。

不总是成功的大会

那是一次例行的关于周末安排的家庭会议。

"周末我们去儿童中心玩吧？"胡老师率先亮出了方向，孩子们也表示同意。于是大家开始讨论去玩耍之前各自要完成的工作。忽然胡老师又提出一个开放性的问题："你们愿意去哪里玩啊？"儿子说要去雕塑公园，女儿说去爬山。这样的流程就比较容易造成混乱，而且，弄得我也不知道胡老师到底想带着孩子们去哪里。

从胡老师后来进行的说服工作来看，她还是想去儿童中心附近的儿童用品市场给孩子们买些袜子。于是乎，胡老师费了很多口舌，并加上让每个孩子各自选一个玩具的特权才"贿选"成功，最终去最早提出的目的地。

我事后跟胡老师聊过，她当时突然觉得自己专权了，想回头弥补一下。有时候，妈妈们的思维有些跳跃，心里早已经有完整的想法了，只是没有把这些想法率先说出来，让家庭成员们知道。

如果家庭会议无法达成一致怎么办？

就会议议题的重要性和孩子参与的难易程度，小议题我们采取投票表决的方式。比如，2013 年的元旦，儿子依旧想住在温泉度假村，而我们觉得小姨预产期就是那几天，建议不要在外住宿，早点去，泡上一整天就回来。妈妈和我跟他说明了详细原因，尤其是抓住妹妹特别想看到新生婴儿的心理，在意见表达时针对这点做了几次强调，瓦解了兄妹同盟，第二次投票时，妹妹站在了我们这一边。当时，儿子有些气馁——毕竟自己主导的意见被否定，难免情绪低落。于是我们马上转到下一个话题——要不要邀请儿子的好朋友一起泡温泉，儿子的注意力很快就转移了，情绪也很快恢复起来。

如果一些较为重大的议题，比如寒暑假安排、红包的保存方法等存在争议而无法达成一致时，我的建议是，先沟通和说服，争取子女的合作。同时鼓励孩子用沟通和说服的方法，争取我们的同意。如果还是不统一，除非结果可以预见明显会给家庭成员带来损失，需要父母亮出否决权，否则，不妨将孩子的诉求分步骤，告诉孩子："如果……，我们就……"

执行不力怎么办？

家庭会议之后，如果成员违反决议怎么办？

我们早期的家庭会议大多为某事达成一致，没有惩罚条款，但后来每个人都有过违反决议的情况。比如我利用周五晚上的时间在 QQ 群里给大家做阅读讲座，违背了"Movie Day 所有家庭成员要一起看电影"的决议。儿子是通情达理的人，他提议延迟放电影的时间，等待我的讲座结束，但那时就要到 21:30 了，看一部电影最少 90 分钟，太晚了会影响休息。因此，我强烈要求他们提前开始观看。

因为安排了数次这样的公益阅读讲座，儿子、女儿和妻子对我意见很大。在一次家庭会议上，我提出将 Movie Day 的时间改到周六晚上，并且说服大家试行了两周，效果并不好。于是，我们又改回到周五晚上，同时规定了如果我再缺席 Movie Day，就必须为每个家庭成员做一件事的责任条款。

对于达成一致后的某个决议，大家可以采用相互提醒的方式在过程中督促，而不是等到结果出现后再监督。这种方式特别适合我们这种有两个孩子的家庭。

比如我们达成的看书、写字保护眼睛的几个决定，就形成了哥哥叮嘱妹妹、妹妹监督哥哥的大好局面。哥哥有时候还会"渎职"，妹妹则严格执行"公务"，我和妻子经常笑谈，女儿将来当个纪检干部肯定称职。

想让决议更好地实施下去，比较好的方法是随着孩子参与的深入和年龄的增长，在家庭会议达成协议的同时讨论违反决议时个人应负的责任，或规定应承担的后果。借着规定之约束，既可以避免成员破坏协议，也可作为违反者的处理依据。虽然这可能给家庭成员带来一些负面情绪，但却可以帮助子女养成负责任的态度。

讨论请从平日始

会议讨论对于锻炼孩子的组织能力很有帮助。父母要顺应孩子成长的需要，要给孩子当个"学生"，做个"弟子"，偶尔要示弱一下，不要总是把所有问题都考虑得井井有条，要给孩子思考的空间和"做主"的机会。

玩过家家、下围棋、上英语课、跳绳、发明新游戏的时候，请孩子介绍玩法，孩子都会很认真地准备。

我们可以有意识地跟孩子讨论各种问题，哪怕已经是我们既定的计划，也可以和盘托出，征求孩子们的意见，听听他们赞同或反对的说法。这是锻炼他们思维和语言能力的一个良好机会。

◇ **循序渐进**

儿子有了寒假后，他会给自己大致列一个计划，跟我们商量，我们多少会加码，比如今年我找了十多份一年级的数学试卷，请他隔一天做一份。他觉得多，没必要。我就跟他讲温故知新的故事，鼓励他做一张试试。因为类似的卷子他在学校里做过，他说需要40分钟做完，我提出说你要是30分钟内做完就很厉害，结果他用了不到20分钟就做完了。我们都夸他，他也信心倍增。因为用时不多，没有耽误他玩的时间，此后几次做卷子他都很主动、很轻松。

◇ **不能一味迁就**

跟孩子讨论问题不要一味迁就，对有些和孩子的希望相反的规则要提前告诉孩子，解释清楚原因，这是在教导孩子。如果过程和结果不是那么危险，在时间和财务上也不怎么浪费，不妨让孩子去尝试一下。

在孩子没有明确自我认识的情况下，我们要将一些事情的目标或标准一步到位传递准确。

儿子寒假作业中有一项"阅读小报"，儿子的计划是两天做完，我也没有和他达成统一的意见。等他做完给我看的时候，我发现完全是摘抄。我就跟儿子讨论这件事，从"小报"是什么，你的小报和其他同学的小报会有什么不同开始，很快达成一致：儿子的"阅读小报"更名为"阅读中报"，因为"中"是他名字里的字；既要向同学们介绍一本书，也要介绍自己读这本书的感受，介绍这个作者……讨论到他辛苦完成的"摘抄"，他表现出委屈的样子。我不明就里，就直接问他原因，回答说是费劲缩写、改编，抄写了满满一张纸，辛苦白费了。我安慰和鼓励他，让他明白，这样摘抄虽然可以让别人看到你所介绍的书的一些文字，但如果能用你自己的阅读感受去感染大家会更好。

晚上胡老师回家，我跟她说了此事。她告诉我，是她跟儿子谈论过阅读小报做做摘抄就好，找到喜欢的书里的好词好句。可哪些词好，哪些句好，哪些词不好，哪些句又不好呢？每个词、每个句子都在文章中发挥着作用，我们能割裂它们吗？

原来源头在这里。

第一个假期，儿子的作业计划是平均主义，每天计划用半小时做作业。他本身是个玩心重的孩子，最后快开学了，还有作业没完成，用了一天的时间去赶。第二个假期，不用我们提醒，儿子就尽快地完成了寒假作业本上的内容，只剩下一篇阅读小报、一章数学题留待春节后完成。我们的观点是春节那几天没必要让孩子做作业，就跟我们大人一样，那几天只要吃喝玩乐就好。但是，要想有时间做自己喜欢的事情，比如孩子们所说的玩，就得先完成必须要做的作业。

与之匹配的是，在讨论中孩子主张和坚持的建议，我们可以设定门槛。比如，孩子们说爬山的路上去麦当劳买食物带上山野餐，我们会"大方"地同意，然后提出请他们自己对着话筒订餐的要求；或者说去吃西餐，我们就请他们自己点餐。这样做也是不把他们当小孩子看待，而是给他们锻炼的机会。小小的事情，就让他们独自完成。

好童书慢慢读

《动物远征队》

这本适合亲子共读的儿童小说——《动物远征队》，给我们展现了召开会议商讨问题、形成决议、讨论分工、选定领导人的完整过程。

十多种动物赖以生存的森林和池塘即将被人类砍伐、填平，动物何去何从？动物中相对较强的大獾提议召开动物大会，并且取得了狐狸和猫头鹰的支持。大家在会议上讨论了各种方法，最后同意搬迁。有了搬迁的目标后，接着讨论了路线、时间等关键问题，最后推选狐狸当队长，大獾负责后勤，猫头鹰负责侦察，其他数量多的动物，如田鼠、兔子等也选出自己的小队长。

其后的远征中，动物们积极、严格执行会议决定，最终克服种种困难，胜利到达新居住地。

7 第七讲 # 按兴趣培养的前提是知道兴趣所在

找不到孩子的兴趣怎么办?

为什么孩子的兴趣老是变来变去?

该坚持还是该放弃? 兴趣有了, 如何维护, 如何深入?

·········· 儿子的理想变来变去

且让我先回忆往事。那时候, 儿子上幼儿园中班。

有天下午, 我接他回家的路上, 儿子跟我说起了理想, 那一刻我心跳加速: 虽然说我们一致认为儿子将来无论做什么, 只要做一个快乐、有生活技能、有意思的人就可以了。可是小小人儿谈到了理想, 还是让我为之心动。

儿子说:"我要成为科学家。"

"啊, 太好了, 多少个科学家都不是从小要当科学家的。"

儿子说:"我要当围棋家。"

"没有围棋家。"

儿子说:"那我做围棋高手。"

"你现在已经是围棋小高手啦, 你的意思是不是要做围棋国手啊?"

儿子说："围棋国手是啥啊？"

"围棋国手就是咱们中国最有水平的围棋高手。"

儿子说："那我长大了要当围棋国手。"

儿子接着说："我要做大厨师。"

"哈哈，这个理想好。做个美食家啊，可以做很多好吃的东西，还可以到处品尝不同的好食物呢。嗯，很好很好。"

无论你成为什么家，亲爱的儿子，你属于我们这个家。

我们只要你快乐。

兴趣的推手和拉手

兴趣有了，如何维护，如何深入？

我觉得要做好推手和拉手，需要形成一个兴趣"推送—挖掘—贯通"的良性循环，让兴趣成为孩子的追求，哪怕很小、难登大雅之堂。孜孜以求的结果必然是"大"和"强"——深入、专业和融入生活，这正是爸爸妈妈们的责任。

儿子的小学有选修课，他居然选了"中国城市发展"课——儿子的这个方向是我们平常就有发现并且积极促进的兴趣点。

那么作为一个中国孩子，又怎样去了解中国城市的历史与发展呢？如果有中国系列的"我的第一本探险漫画书"就好了，持续阅读，能够增广见闻。我能做的是将后面总结的几种方式综合起来，通过实地游学的方式去实践。

比如，北京是我们居住的地方，要想了解北京的历史和发展，这座城市中有很多景物可供寻找和观察。战国时期燕国始建蓟城，我们就从熟悉的位于三环路上蓟门桥附近燕京八景之一的"蓟门烟树"看起，让古老的城市和现在联系起来。从唐幽州治所蓟城，到金中都遗址，再到明清的北京城，最后与现在的实景对应起来，这样在空间上就可以知晓北京城的历史和发展，而不仅仅是依靠平面地图和文字介绍。

乡土地理课程好像各地都有，如果能从身边开始，从自己的居住地开始，和孩子真正地感受乡土，就能将这些融入孩子的记忆中、生活中，也顺便做了乡土教育。

孩子对历史、地理有兴趣，表现在他今天说要做探险家，明儿又说要做考古学家，还说做城市规划者。我们就借此机会，给他点推动力，或者再多想想，我们家长还能做什么？

除了就近的北京城外，孩子也许会问最大的城市、第二大的城市、前十大的城市。我们可以从他提问的角度带着孩子去了解这些城市，也可以从学习的角度做些安排。比如，中国有七大古都，我们可以从第一个都城开始实地游学，按照建都时间从安阳开始，西安、洛阳、开封、杭州、南京、北京，一个一个地去了解。

还有目前国家已公布的三批历史文化名城，我们在安排亲子旅游的时候，除了冬天去海南、夏天去海滨这样的常规热门路线外，完全可以就近安排和顺路安排去这些历史文化名城游学。在儿子上小学以前，我们带他去过的 36 个城市里，有一半属于历史文化名城。到了 2016 年初，我们已经去过国内的 80 个城市了。我们还会继续走下去，针对孩子的课堂学习、兴趣爱好，有主题地去溜达。

"抓兴趣，促学习"的五个方法

儿子这段时间对太空和恐龙很感兴趣，对相关知识非常关注。我觉得可以用幼儿成长敏感期的理论加以引导，就根据儿子近期的兴趣，采取了一些方法来"抓兴趣、促学习"。

◇ 方法一：

用孩子最喜欢的方式对兴趣点进行全面覆盖。

我儿子已经养成了比较好的阅读习惯，那么最好采用综合阅读的方法，找到更多相关的书籍来"占领"他的阅读时间。

首先，我给他买来非常有名的科学图画书《神奇校车》，他果然对恐龙和太空那两册最有兴趣。他先是日复一日地看恐龙，然后是天天要妈妈讲太空，讲到妈妈在儿子心目中都成了科学家。等到儿子对一些知识耳熟能详了，就经常拉着姥姥、小姨，让她们讲解太阳系的几大行星。其次，针对儿子喜欢翻翻书的特点，我又买了一套科学翻翻书，把其中的太空和地球这两册先给他看。然后又买了《恐龙百科全书》等书，延续他的兴趣点。最后，找来《神奇校车》的视频给他看，加深他对知识的了解和记忆。

◇ 方法二：

去相关博物馆参观。

我们带着儿子依次去了古动物馆、自然博物馆、天文馆，还去了科技馆。

◇ 方法三：

延伸兴趣范围。发现孩子的兴趣后，父母就要对之进行强化和引导，延长

孩子的兴趣敏感期。兴趣是一种积极的情感，但是孩子的兴趣"来得快，去得也快"。

这里面有个问题，也是我经常和其他爸爸妈妈探讨的，就是兴趣点的发现。那么如何才能知道孩子的兴趣所在呢？

我家的经验是先做"无头苍蝇"，尽可能地让孩子接触到方方面面，从中观察孩子的感受，寻找孩子的兴趣。要注意的是，孩子对新鲜事物都兴趣盎然，这时候，就需要家长进行进一步的观察和理性分析。

反过来，孩子的兴趣未必能够自发产生，也需要家长的引导。特别是有些"强势"的家长认定一些爱好和兴趣对自己孩子"好"或者"有用"，或者确实是一些孩子必备的，比如读书、体育锻炼等。如果孩子对这些没有兴趣，就需要后天进行诱导、培养，使孩子对这些活动产生兴趣。

◇ 方法四：

强化兴趣带来的美好情感。孩子对某种事物产生兴趣，势必会全身心投入，由此产生一些美好的情感体验。

愉悦的感受会强化孩子对这种兴趣的"投入"，比如，儿子对太空的兴趣，使他增加了很多知识。他在分享这些知识的过程中，得到大家的赞赏，又会刺激他进一步强化对这部分知识的学习。

明确的目标达成能给孩子带来满足感。儿子在对太空有兴趣的时候，想着要飞上天做航天员，我们就说航天员要掌握好多知识，身体也要棒棒的。儿子就把读相关书籍变成小小的目标，当这些目标实现后，我们称他是小小航天员，他会心满意足。

随着太空知识的延伸，儿子对星座也非常有兴趣，见到人就问对方的星座，大家总能说上几句，让这个知识变得更加有趣。儿子所在的幼儿园经常让孩子带书共读，当他知道同学家里也有《神奇校车》时，非常高兴，回家就报告了

这个发现，并且主动要多看这些书。

父母要对孩子的兴趣给予充分关注，这样可以强化他们的兴趣。这方面如果老师也能参与就更好了。父母和老师都需有信心和热情，而且要有耐心去等待，不能急躁。我对太空、地理等非常有兴趣，发现儿子对此感兴趣后，我非常高兴，跟儿子互动学习时也特别有劲。共同读书学习是最好的亲子活动。

◇ 方法五：

适当奖励。适当奖励可以维持孩子对兴趣的热诚。不要只对结果进行奖励，也未必只是物质奖励，很多亲子互动都可以当作奖励。我们家用的多是赞赏性的拥抱、亲吻，新书以及去公园、博物馆也经常被当作奖励。

好童书慢慢读

《小鹦鹉咔咔嘟》

本章节说到了兴趣，乐器的学习是很多家庭经常出现的兴趣学习。关于这一点，我推荐这本《小鹦鹉咔咔嘟》，孩子可以看到引发他们共鸣的内容，而作为家长更可以从阅读中获得启发。

8 第八计 英语启蒙交给了妈妈
　　　　　　——家庭教育巧分工

英语启蒙何时开始比较好?

我的英语口语特别差怎么办?

有哪些好的英语启蒙学习资源?

儿子和女儿对英语学习都有兴趣。上了小学的儿子英语成绩一直不错，女儿在幼儿园里也特别喜欢上英语课——因为她已经有了启蒙的基础，容易获得老师和同学的认可，这种认可反过来又增强了女儿的信心。

英语是沟通工具，孩子将来是世界人。这两个观点是我们愿意花费精力培养孩子学习英语的兴趣的依据。这一切都要归功于我们家胡老师，因为家里的英语启蒙教育归她负责。

别太正经，别太着急

胡老师很早就开始做相关知识的储备，搜集英语学习资源，定期跟我分享她的打算。我一看人家这么上心，就大大方方地将英语启蒙这个重要任务交给了她——实践证明，这是个很英明的决定。

为此她苦心钻研，找到"营造家庭英语学习氛围、听出英语耳朵、大量英语输入"三大幼儿英语家庭学习诀窍，并且总结出"不设定英语学习目标、调整好父母心态"两大法宝。

那个时候儿子4岁半，女儿不到2岁。

我们正式开始前做的铺垫是给孩子听英语歌谣，选的是《洪恩巴迪英文童谣》和《大家一起唱》，在家里和汽车上反复播放。上中班的儿子在幼儿园里也学了一些英语儿歌，很快就能"见怪不怪"地跟着哼唱。女儿正是到了自我意识和语言学习敏感期，再加上是哥哥的跟屁虫，很快也跟着哼哼哈哈地说唱着。

那一年乘长途火车和自驾车旅游的路途中，我们也都反复地播放这些英语歌谣。提醒大家的是，不要太正儿八经地跟孩子说，我们听的是英语童谣，开始要学习英语了。就是很自然地在播放中文儿歌、动听的音乐的同时播放英语歌谣。也不要强调听的时候要停止手中的事，专心专注地听英语童谣，那样做只会适得其反，孩子会有抵触。营造无差别的听中英文童谣的环境的目的就是要孩子习惯于听，不排斥听英语童谣。

要多给予孩子鼓励，不要急于获得某种结果，比如会说多少单词了，会说什么句子了，鼓励孩子多听即可。

兴趣入门，有用进阶

同时，我们也让孩子看精心选的英语动画片。根据我家两个孩子的特点，妈妈最先选择的是《爱探险的朵拉》，从中英文混杂的节目开始。我起初对此是有疑问的：这不是所谓的洋泾浜英语吗？妈妈的选择后来得到了证明：这种选择可以让孩子喜欢看英语视频节目。

其实，这个观点和方法同我的儿童阅读路线是一致的：有趣入门、有用进阶、有益提升。让孩子有兴趣，比让孩子学很多要有效和持久。

孩子们对朵拉的兴趣大增，看朵拉成为他们俩的享受。与之配套的是，我们开始提供和朵拉相关的书籍、文具，甚至衣服和玩具，当然后者主要是给妹妹的。大概 3 个月后，我们就给他们看原版的朵拉。

后来，女儿开始喜欢看 *Go Diego Go！* 这也是朵拉的延续——Diego 是朵拉的表哥，爱屋及乌的缘故吧。女儿那个时候总是选这个片子来看，并且会哼唱其中的歌曲。

从那个时候开始，我们每周会选放一部原版电影来看。他们特别爱重复看几部喜欢的影片，《了不起的狐狸爸爸》和《极地特快》各看了 3 遍。

营造家庭学习环境

由一个人负责英文学习这种家庭教育分工有效地发挥了夫妻双方的能力和主观能动性，胡老师俨然成了英语教学的榜样。而且，这样的英语学习氛围也促进了大人再次学习英语。我们经常感慨，如果自己在童年时期能得到这样的引导，估计也会对英语学习有兴趣，不会当成是沉重的负担。

儿子已经适应了上课的概念，女儿也羡慕上学，胡老师于是采取了新的学习方式：给两个娃上英语课。这次是照顾女儿的英语学习进度，选择了 *Super Phonics* 作为教材（此书有音频、练习，多媒体全方位教学），通过指导和听力练习的方式，隔天一堂课，由我来评分。这种家庭成员群体参与的学习方式，让孩子们觉得既好玩又有趣。只是，女儿的好胜心很强，总是要跟哥哥比赛，而她的单词量又不如哥哥多。我们用了些时间来改变女儿跟哥哥比较的心理，比如采用不同的评分标准、多鼓励女儿等，现在他们俩都非常喜欢这样的学习方式。

儿子每天放学后都有自己听英语的时间，我们没有规定他必须私下里听，让他把听英语当成是做校内作业后的调整项目。不过儿子喜欢，他很认真，经常手持 MP3 入神地听，甚至上厕所、走路都拿着听。

选择有趣的英语启蒙素材

从听力入手，磨出英语的耳朵已经成了英语启蒙的必经路径，其中选择好的试听资源殊为重要。胡老师潜心研究，多方求教，以下资源从我家两个娃娃的实践来看，效果还是不错的。

1.《Magic Teddy 洪恩国际幼儿英语》。

2张 DVD、3张故事和歌曲 CD。DVD 每碟 4 个 10 分钟左右的小故事，中英结合，内容浅显、有趣，比较适合低幼欣赏。

这套光盘，儿子不是特别喜欢，反倒是时年两岁的女儿特别喜爱，自己在家的时候总是要看上一遍。

2.《洪恩巴迪节拍英语》和《洪恩巴迪英文童谣》。

《洪恩巴迪节拍英语》由易到难分为数字精灵篇、快乐天使篇、游戏童年篇、生活魔方篇、动物宝贝篇、神奇世界篇 6 个系列，每个系列有 10 首外国经典儿歌，每首儿歌都有一套相应的动作表演或游戏表演，并配有 6 本书。

孩子们很喜欢这套光盘，无论是看碟还是听 MP3。有阵子女儿睡觉醒来不是要求喝奶，而是要听节拍。

这也太爱学习了。

《洪恩巴迪英文童谣》5 个系列，每系列有 10 首外国经典童谣。看的顺序可以让孩子自己选择，孩子感兴趣的东西就不是难的。

我给比儿子大一岁的堂哥（时年 5 岁）和儿子的外甥（也是 5 岁，儿子辈分很高哦）都各买了一套。一年半下来，小堂哥没有父母督导，基本没有效果，小外甥被幼儿园的"双语"给带走了样，倒也能唱出几首。

介绍这么些洪恩，算是植入广告了吧？责编大人、出版人，咱该不该向洪恩要点广告费呢？

3.《巧虎 ABC Bubbles》。

冲着孩子们喜欢巧虎买的，14 张 DVD，中英结合，但我家孩子兴趣一般，看得不多。也许有的孩子喜欢吧。

个人感觉这套光盘有点复古的味道，可能还是多年前日本制作幼儿英语教学的思路。

4.《迪士尼美语世界》。

它适合任何年龄段的孩子，内容很多，纯英文，我们看的是主教程的 12 张 DVD。

不得不佩服迪士尼的制作水平，这套内容非常有趣，里面都是孩子们熟悉的人物，哪怕只是纯粹看动画也很好玩，可以用来做入门材料，与相配套的书同时看效果更好。

5.《迪士尼美语世界》"Zippy and Me"系列。

带着孩子们听英语做动作，也不错，适合低幼及没有基础的宝宝。

6.《爱探险的朵拉》。

这套有两个版本，外语版和中文版。我买的是中文版，26 张 DVD。

每集通过讲述朵拉的一次探险故事，穿插一些有趣实用的英语单词和词组。整个节目反复多次，孩子也会反复受到训练。看碟时，孩子们会跟着朵拉大声说英语。在孩子们玩游戏时，有时会听到他们说"Open""Stop""We did it"。女儿更有意思，看朵拉的时候还不会母语数数呢，结果让她数数时，张口就"One""Two""Three"。

这一套适合任何年龄段的孩子做启蒙教材。

7.《粉红猪小妹》。

就是现在火爆的"小猪佩奇"。

6张DVD,全英文,每集有十个10分钟左右的小故事。

粉红猪小妹是一只非常可爱的小粉红猪,她与弟弟乔治、爸爸、妈妈快乐地住在一起。粉红猪小妹最喜欢做的事情是玩游戏、打扮得漂漂亮亮、度假,以及在小泥坑里快乐地跳上跳下!动画颜色鲜艳、画面简洁,对话清晰、有趣。

刚开始看的时候,孩子们还不是很喜欢,估计是还沉浸在朵拉的混音状态中。随着英语水平稍稍提高后,看得相当投入,有些反复看了很多遍,后来我们把动画片中的音频提出来,给孩子们作为背景音乐播放,孩子们有时听得也投入。后来推荐给英语班的同学,也相当受欢迎。

这套DVD适合有些英语基础的孩子,女孩可能更喜欢。

8.《卡由》。

5张DVD,每集5~10分钟。卡由是一个4岁的光头小男孩,整套DVD讲的是卡由和他两岁的妹妹、小猫及家人和小朋友的生活故事。

《卡由》现在是我家的重点"项目"。当年春节出去旅游坐动车时给他们看,两个孩子都非常喜欢。

《卡由》系列的作者是个儿童心理专家,对儿童心理的描绘敏感而又准确,故事情节给人以温暖、平和的感觉,很贴近生活,小朋友能充分理解卡由点点滴滴的快乐和痛苦。而且此剧人物设置和我家类似,可能也是不被孩子们排斥的原因之一。

这套DVD是全英文的,语速不慢,适合3岁以上有些基础的孩子。

同期,我们开始引进英语原版图画书。两个方向:一个是选择他们已经熟悉的角色的原版新书,比如《奥莉薇》《查理和萝拉系列》;二是国内引进出版的国外分级经典读物,比如《体验英语少儿阅读文库》和《清华儿童英语分级读物——朗文机灵狗故事乐园》,这两套书的册数都不少,但是每册页数不多,也就 8 页，孩子们很快就能读完一本，很有成就感。

睡觉前的故事时间我会让孩子们选图画书，也是中文和英语原版各半。早期的"机灵狗"和"体验英语"是必选书目，一天看两三本，很快就看到了第 6 级。后来孩子们会选择有趣的原版图画书，比如 Nancy Karlson 创作的系列故事。

◇ 原版童书阅读 ABC

儿子 3 岁后我们开始购入原版童书，主要的渠道是网络和北京的地坛书市。2010 年，京东商城上了一些原版童书，掀起了价格战，促使原来的原版书大户亚马逊更多地供应原版书，而当当网也不甘落后，上了更多的原版书。我们经常趁各种促销活动之际购买英文图画书。

那一段时间我们以儿子的阅读进度为主，选择的英语听说材料都是适合 3 岁多的孩子使用，女儿也就两岁多，跟着凑热闹，我们没有专门为她挑选材料。后来胡老师感叹，女儿的英语听力和发音非常好，就是这样跟读下来熏陶的结果。

父母们要清楚怎样开始与孩子共读原版童书。我儿子因为母语图画书亲子阅读的关系，已经养成了良好的阅读习惯，每天不看中文图画书都不行，连上个厕所都必须看书。但是他对阅读英文童书没有建立起兴趣。女儿 20 个月时，我们将阅读英文童书和中文童书同步进行，她基本上不会拒绝。

为此，我们针对儿子这样已经习惯于阅读中文童书的情况，制订了抓住兴趣、逐步渗透的策略。具体方法有：

1. 从兴趣导入。

儿子喜欢恐龙、太空和机器战警之类，我们就提供相应的英文图书，比如 *Power Rangers*，*Where's Rex*？等。

Power Rangers——Jungle Fury 说的是森林动物美洲虎、狼、猎豹、美洲豹合力打败功夫大师，拯救地球的故事，很符合男孩子的兴趣。故事缩编得

简单清晰。DK 出版的幼儿分级读物经常用孩子们喜闻乐见的内容，结构合理，前面有父母指导，书后有图文词典。

Where's Rex？是麦克米伦儿童分级读物系列的 Level 2 的一册。故事简单有趣，以图画为主，情节说明文字短，对话内容更短，单词量少，容易拼读。书后同样有图文词典，并且多了互动练习。

2. 从熟悉剧集导入。

前文我们介绍了英语视频资源，其中《爱探险的朵拉》和《粉红猪小妹》都是他们比较喜欢的入门级英语学习节目。他们之前已经对其中的人物和大致情节都有了认识，有了这个铺垫，我们会买来相对应的英文图画书给他们阅读。

3. 从熟悉的母语童书导入。

很多经典童书都有简体中文版。通过亲子阅读，我们知道了孩子们喜欢什么书，就会专门寻找一部分这样的原版书给他们阅读，效果也非常好。比如查理和萝拉系列、《猜猜我有多爱你》、苏斯博士系列等。

4. 从熟悉的英语童谣导入。

为了练听力和制造语境，我们提前在家里或车里播放英语童谣。这些经典的英语歌曲很多都有相应的童书出版。比如 *Sing a Song Pop-up Book* 系列中的 *Twinkle，Twinkle，Little Star*，还是立体书，一边唱一边看，岂不乐哉！

当时 2 岁的女儿属于刚开始进行阅读的孩子，导入英文童书的阅读和学习相对容易一些，可以直接讲读原版图书。当然，一定要在学习英文字母后再开始比较好。女儿跟着儿子通过唱歌谣很快学会了 26 个英文字母，虽然不是很清楚具体的写法，但已经形成了字母的概念。

◇ **值得推荐的听力和图画书入门材料**

孩子们对朵拉非常有兴趣，看朵拉成了他们俩的享受，这种习惯一直持续到现在——当然，看的英语节目也是越来越多，现在他们俩每天都要看上两集

Scooby Doo，那可是英语国家的中等语速的青少年节目。

我们还会控制观看的时长，每次最多不超过两集，20分钟左右。这样可以维持孩子们的观看兴趣。这一点家长一定要坚持住，不要图省事——孩子爱看就多看吧，正好可以解放自己。纵容孩子长时间地看节目，不利于他们养成好习惯。

忘了说了，在喜欢朵拉的前后，我们还给孩子看了《米奇妙妙屋》和《小小爱因斯坦》。另外还单独给女儿看《天线宝宝》和《花园宝宝》，给儿子看《海绵宝宝》。多样的节目，会让孩子们觉得好玩，而不会觉得看英语节目太辛苦。

说到这，我不由感慨一下，很多好节目是英美电视台精心制作的教学节目，除了做语言学习材料使用外，孩子们其实也可以从中学到一些成长中需要的内容。一直到现在，很多电视台反复播放《喜羊羊和灰太狼》。与其看羊和狼的战争，真不如像我们家这样，从《洪恩幼儿英语 Hello Teddy》《爱探险的朵拉》中英文夹杂的动画片，慢慢过渡到全英文的节目。

◇ **启蒙后的持续学习**

1. 入门后使兴趣持续保持的英文视频节目。

这些节目、英语图画书的选择工作依旧由胡老师负责做，以至于孩子们一直不让我读英语书，认为那是妈妈的事，爸爸不会读！

有些家长可能会有这样的担心，我的英语水平不行啊，怎么能给孩子英语启蒙呢？我的英语发音不标准啊，这不是害了孩子吗？

虽然现在还无法说我们家的英语学习就一定成功，但是从他们俩喜欢英语阅读的现状来看，我们这样一个普通家庭进行的英语启蒙算是有了阶段性的成功。而我和胡老师都是属于最平常不过的"阅读强于听说、会听不会讲"的英语状况，特别是胡老师的英语尾音带有浓烈的北京儿化音。

孩子有着非常敏锐的听力，他们能听从于他们所听到的原汁原味的英语素材,从而提升自己的语感。我们能做的、要做的只是为他们提供合适的听说素材,让他们感觉到英语的有趣。随着孩子们英语水平的提高,他们又陆续看了不少动画片,包括:《本和霍莉的小王国》(此片配音演员和《粉红猪小妹》是同一帮人,孩子有熟悉感)、《小小爱因斯坦》、《动物街64号》、《小乌龟》、《神奇校车》、《数数城小兄妹》、*Dinosaur Train*、*Alphablocks*、*Word World*。如同母语学习一样,我们只是引他们上路而已。

2. 值得作为英语学习阅读的原版图画书推荐。

启蒙的第二个阶段要继续加强听力训练。除了亲子共读,这时候可以试着让孩子裸听一些英语资料。胡老师给儿子试了不少,最后选定《轻松英语名作欣赏(小学版)》。这一系列是经典童话的简写版,朗读速度较慢,且故事孩子熟悉,裸听抗拒感较弱。等一个故事能听下来,你适当的赞扬会让孩子特有成就感,也就更愿意听。

第三个阶段是儿子上了小学。这个时候,儿子的听力已经不错了,但是不会26个字母。幸好学校的英语教材选用的是人民教育出版社的教材,它不是以字母和单词的学习开始,重点是听说。不过学习中出现了一个问题,儿子会提到"老师这样""老师那样",这是上了小学的孩子经常出现的情况,老师的权威性对家长的权威性提出了挑战。我们只是告诉孩子,英语妈妈可以教,学校老师也能教,还有别的人也能教,于是经过反复讨论和研究,我们上了一个短期的某机构主办的phonics英语班。我们选择的依据是以下几条,希望给你以参考:

第一,有教学体系。儿子所在班的课程体系引进自国际知名的教育培训出版集团。课程循序渐进,教学内容从语音到语法、文化等,逐步进行。

第二,有爱孩子的老师。有些教学机构的老师是在"应付"教学目标和教学进度,而忽视孩子。我们在试听和观察中发现,所选机构的老师对待孩子的态度很值得赞赏,主班老师都是蹲着、跪着,跟孩子平视,而且他们都修过儿童心理的课程，其中一位还是准爸爸。这让我们很放心。

第三，离家不远。就近学习是我一贯提倡的，太远的话就太辛苦了。

在入学测试中，儿子被定为 Level 5，女儿是入门的 Level 1，他们那时分别是 6 岁多和不到 4 岁。在机构学了一年，他们俩的进步说不上突飞猛进，但是也弥补了我们自身英语教学的不足，学到了最基础的 phonics 发音规则，并且能用这些规则进行英语单词的拼读。特别是女儿的班级用了一年才学完了 26 个字母的 letter name（字母本身的名字），这个很重要，是英语学习的基础，越牢固越好。

现在，儿子在学校的英语成绩也算出色，据他自己说，除了一个特别厉害的家伙外，他算是英语第二名。二年级的时候，他就可以自己阅读原版桥梁书了。

英语启蒙后通过亲子共读，引发孩子独自阅读有趣的分级读物，如 Fly Guy 系列、罗伯特·蒙施系列、*I Can Read*、*Step into Reading* 等分级读物中的 Level 1、Level 2 级别。

英美的分级读物简单来说，是指各国为孩子的母语学习精心设计、编撰的进阶读物。一般依据学前的前阅读、中低年级的学习阅读、中高年级的独自阅读原则分为多个级别。从薄薄几页、每页只有几个词的图画书，到图多文少的图画书，到图文并茂的桥梁书，接着是文多图少的章节书，最后是文字为主的章节书。世界主要的图书出版集团都有自己品牌的分级读物。如 *I Can Read*、*Step into Reading*、*Hello Readers* 等等。

给奶奶打电话
——孝要行

为什么隔代不亲了？

远离家乡如何尽孝？

死亡话题如何开口？

············· **我想爷爷了** ·············

2009年重阳节的时候，儿子一大早就对我说："今天是爷爷的生日，我想爷爷了。"说得我和他妈妈都很感动。那时候，爷爷已经去世了，儿子还不到4岁，又加上离爷爷奶奶家较远，一年也就两三次见面的机会，难得儿子有这样的念想。

儿子两岁前，我父母都是在北京生活。

我以前是一个脾气很倔很急的人，有时跟父母说话很急躁，虽然内心非常爱他们，但从没有表达出来，偶尔还跟他们发点小脾气。他们担心我吃不好饭，坚决反对我"减肥"。我每次回去时，早上父母都炒菜给我吃，要不就非得让我吃至少两个鸡蛋，我每次都跟他们大声嚷嚷，表示反对。

这些回忆让我深感惭愧，这些都是父母给予的爱，无论如何都要接受。父母之命，我们听完能做的真的不多了。小时候我们听父母的，现在长大了，父母就要听我们的了，我们还有多少事情是听他们的呢？为人子女，一定要在平日多陪伴父母，让他们身心愉悦，这才是最好的孝顺。以后我要多做些、多听些，不要等父母不在，空有孝心！

也提醒你，亲爱的读者朋友。

我不希望你死

有一次，我给孩子读《奶奶来了》这本绘本。读完后，儿子一言不发走过来紧紧地抱住了我。我知道他是个重感情的孩子，希望他能自己表达出来，就故意问他："儿子想跟爸爸说什么吗？"儿子停了下，故意扯到其他的事情上。我到厨房跟胡老师说了这事，胡老师说不直接说也符合儿子的性格。

没一会儿，儿子把手工课的碎纸扔到地上，用教鞭拨弄着说："我点火啦。"我说不能烧火啊，他说我烧纸呢。我愣了一下，就跟他说："我们一般不能玩烧纸的游戏，只有纪念死去的亲人时才会烧纸钱。"当时，我觉得可以跟他说一说。以前我们祭奠姥爷都不让儿子去，只是说姥爷在很远很远的地方，儿子从来没有见过姥爷，所以也就能瞒得住。可是今年爷爷过世，我们是跟他说了的，以后都见不到爷爷了。同时，儿子也慢慢长大了，合适的时候是可以去给姥爷、爷爷祭扫的。

我这里话音刚落，儿子"哇"地就哭了，扑到我的怀里说："我想爷爷了。"我差点泪流满面，说："我也想爷爷啦。"儿子哽咽着问："爷爷为什么死啊？"我说："爷爷80多岁啦，年纪太大了……"儿子抓紧问："那爸爸多大啦？"平常我都说自己40岁了，今儿却说："爸爸才30多岁，你看爸爸要活到爷爷那么大还有50多年呢，那时候你也是小老头了……"儿子抱紧了我，说："爸爸，我舍不得你死！"啊呀，我没忍住，眼泪唰地落下，这也是我想说的话啊！

我跟儿子说："儿子啊，爸爸离死亡还有好多年呢，我们向奶奶学习，要锻炼身体，天天乐呵呵，还要天天吃大蒜，只要我们健康不生病，我们都活过80岁好不好？"儿子估计还想着年纪大了就会死这事，接着问："那妈妈多大啦？"我说妈妈也才30多岁呢。"那小姨呢？""小姨不是刚过30岁的生日吗？"

"那就好！"儿子放下心来，依旧紧紧地抱着我，慢慢平静下来。

我抚摸着儿子的小脑袋："你看，爷爷年纪大了，又有病，虽然我们都舍不得，爷爷他自己也舍不得离开我们，努力跟疾病斗争，可是年纪大了抵抗力也下降了，最终还是离开了我们。不过，我觉得有的地方、有些时候，爷爷的很多东西都在爸爸的身上延续着，好像我是在延续着爷爷的生命。每个人都会从生到死，我们要相亲相爱地过好每一天。而且，我的生命也会通过你得到延续。"

儿子像是懂了，又像是不懂。没关系，总有懂的那一天。

孝行说的是要行动

我想，很多爸爸妈妈跟我一样，都非常看重孝顺这个品质。不过，与其他各种技能、知识相比，孝顺长辈更多靠的是身教。

我是家中的老小，自幼受父母宠爱，在他们的人生规划中，是希望我这个小儿子留在身边的，可是我却离父母最远。大学毕业后，除了在家乡做了几年教师外，一直远离家乡生活游学，直到在北京定居。每年我都会带着爸爸妈妈天南海北地到处溜达。现在的青年夫妻以及他们"年轻的"老爸老妈对这可能习以为常，但对于我父母这种上了年纪的老人来说，这无疑是很大的孝行。我结婚前后的6年，父母秋冬两季会在北京居住，夏天回到海滨小城，直到父亲病发，他们对我隐瞒病情——为了不给子女增加负担。其实在北京他们也是自己居住，我们也就是每周末带着孩子看望他们，何来麻烦？但是我理解老人家的心意，把他们送回家乡，然后尽自己所能改善他们的衣食住行条件。

有机会我们就回家，带上二老出去转转。我离开家后，每个周末都会往家里打电话，报个平安，听老爸老妈念叨念叨。孩子们慢慢长大后，也在电话里跟奶奶说一两句。之前几年，女儿因为小，不愿意多说，我们也不强求。儿子上了小学后，到了周末都会主动提醒我给奶奶打电话，而且也都能跟奶奶说上几句。现在女儿也越发跟奶奶有的聊了。

我们希望将来孩子们如何对待年老的我们，我们现在就应该如何对待已经年老的长辈们。

 ## 行孝要趁早

我们已为人父母，自己的父母由此升级。有很多老人继续为孙辈服务着，而我们也在无形中继续"啃老"。很多老人不仅不会不满，反倒为没有机会代养孙辈而生气。

无论老人是否和我们在一起养育下一代，我们都应该及时行孝。

怎样做不用多说什么，有《常回家看看》这样的歌，有"二十四孝"这样的榜样，有"父母在，不远游"的圣人语，还有颁布过的"新二十四孝"规定。

好童书慢慢读

《奶奶来了》

这本书讲的是年迈的奶奶进城后跟孩子们生活在一起，因生活习惯不同，以及年老体弱不能自理，经常发生一些事，每次都是爸爸来处理，成功引导了两个孩子从反对奶奶住到最后接受奶奶。

《奶奶来了》曾经让我震惊……这本从韩国引进的图画书是我读过的把老人带来的"麻烦"描绘得最为惊心动魄的一本书——来自乡下的奶奶有时大小便失禁，有时会随意脱了上衣凉快，有时还会在孙女学校的围墙边睡觉……这多让孩子颜面大失啊。

书中的孩子是个旁观者，她发现奶奶做出这些不一样的行为时，出面处理的多是儿子。儿子的孝是无声的课，让孙女去靠近"陌生"的奶奶——那是爸爸的妈妈啊。"那奶奶爱爸爸是不是像爸爸爱我这样呢？"

在这样的言传身教中，孙女"长高了一厘米"，这是高度，也是时间的长度。奶奶来了，让孙女学到了很多，长高了。关于相处——没什么好说的，我们的行为是对孩子最好的教育。

《楼上的外婆和楼下的外婆》

4 岁小男孩汤米和家人每个星期天都会去看望外婆和曾外婆。外婆住楼下，曾外婆住楼上，曾外婆已经 94 岁了。汤米叫她们楼上的外婆和楼下的外婆，他总是跟她们问好，还会跟曾外婆一边吃糖、一边聊天。有时候，在外婆给曾外婆梳头的时候，汤米总是让外婆"绑牛尾巴"。汤米的外公也总是喜欢带着孩子们去吃冰淇淋，回来时还会给曾外婆送点心。这样温馨的铺垫后是令人伤心的消息——楼上的外婆去世了。

"去世是什么？""楼上的外婆永远都不会回来了吗？"汤米的问题，可以帮助我们给需要解答的孩子提供答案。生命有始有终，"每当你想起她，她便会回到你的记忆里"。汤米的妈妈这样"完美地回答"。

有一颗星星滑落，"那也许是楼上的外婆给你的亲吻！"又是智慧妈妈的话。

这些都是我们可以学习的语言。

《歌舞爷爷》

爷爷在孙辈们面前重现年轻风采。老人、小孩都需要陪伴，我们对下一代爱得够多，对长辈则陪得很少，更少去欣赏老人们的曾经，而回顾过去、分享过往是老人的一项重要"工作"，我们是不是应多看看家里老人的"节目"呢？

亲子——爷爷为何费劲地给孩子们 show 歌舞，孩子们未必清楚，但是孩子们对爷爷歌舞的围观和喝彩，是对爷爷的认同，让读者想到自家老人是否可以展示唱歌、跳舞、乐器表演等兴趣爱好。

关系——孩子对于老人才艺的认可，会让祖孙关系更加亲密，也会减少老人自感衰老的无助感，孩子会以老人为荣。

《艾玛画画》

独居老人的寂寞谁都无法彻底解决，何况又是寡居老人。艾玛已经算是"有品位生活"的老人了，但是仍然孤独。她看到孩子们送的一幅画，觉得自己也能画，时间就飞逝如电了。孩子们觉得艾玛画得特别好，还要艾玛多画一些，艾玛的兴致更高了——我特理解艾玛，我那 80 岁的老娘这几年正奋力手工制作精美漂亮的割绒鞋垫呢，就是因为大家都称赞她，都说喜欢，我还把它装了框挂在办公室的墙上做装饰呢。

老人的作品，与其说是爱好，不如说是寂寞杀手！

相处之道——欣赏！做老人的好听众、好观众，点头称是。

《我爱我的爷爷》

奶奶去世后，爷爷来到儿子家。爷爷不同的生活习惯引起了孙子的好奇，觉得爷爷有好些神奇之处。可爷爷和大多数离开自己熟悉的家来到儿孙身边的老人一样，有着那么多的不自在，所以他要回去了。临走前，爷爷不仅给孙子们买玩具，还要硬塞给儿媳妇钱，推托后最后放在了厨房的抽屉里。这是奥地利的作品，可是我觉得特别有中国味儿。

爷爷来到儿孙家，修补了他因老伴去世而造成的寂寞和伤痛。但对生活环境变化的不适应和不愿意打扰子女，让他又回到了乡下自己的一亩三分地。作为子孙的我们多跑几趟就行，只要老人的身体允许，完全可以让老人在原有环境下生活。

10

第十计

画一棵家族树
——我从哪里来

信息时代还需要家谱？

怎样做一份家谱？

家族树包含哪些信息？

孩子名字按辈分起

有次在国家图书馆少儿馆做活动，面对的是一年级的小朋友。在开场活动中，为了让大家有一些表现的机会，同时也便于我更快地了解他们，我就做了一个姓名游戏，请大家写出并说出自己的名字。经过询问，名字中显示辈分的也就两人，其中一个是我儿子。

按辈分取名字，实际上可以发挥爸爸妈妈主观能动性的也就剩下一个字，或者是不能取单字的名字了，这也成了许多年轻的父母不愿意按辈分取名的原因。但是，在我看来，更大的原因是对氏族关系的淡漠，是对上一代老人们的淡忘。

与此相应，我们可以尝试着做一份家族族谱。

我祖籍山东滕县（现山东滕州市），很小的时候，爸爸带着我们去续过族谱。

后来我们这一小支从山东迁到江苏，前几年大伯家的大哥起了编撰家谱的念头，开始向大家搜集资料，目前还在编排中。

家谱需要什么样的信息

当我们谈起祖先时，很多人仅仅是有个模糊的印象——因为我们周边越来越多的年轻父母远离家乡、远离宗族。其实我们可以尽可能地将宗族信息传递给孩子。家族源远流长，有根可究，有人可寻觅，有地可去，这种感受对一个人的成长，以及成长后的沉淀，很有帮助。

祖先是我们的根，我们因祖先而发。最好是三代信息齐全，祖辈的信息还是可以通过父辈去了解清楚的，再远一些估计难度很大。我们的祖辈就是孩子们的曾祖父。直系亲属为主，能把我们自己的直系兄弟姐妹整理清楚最好，这些人也是孩子们愿意接近的亲人。

我们先写下孩子的名字，再是我们夫妻的名字，然后是爷爷奶奶、姥爷姥姥的名字，最后是曾祖辈的姓名。

最好是能了解到出生地、生日、结婚日等重要日期以及职业经历。如果你还没有掌握这些信息，没关系，趁家里聚会的时候，找到家中的老人问问吧。甚至可以把搜集信息的工作交给孩子们完成。如果能搜集到照片，那就更好了。不过，不要想着把老人们视若珍宝的老照片给拿走，可以采用翻拍、扫描等方式获得，也是为大家做个备份。

儿子在幼儿园的时候，问过自己从哪里来的问题，那时候姥姥通过教他唱儿歌来熟悉自己的亲人：爸爸的爸爸叫爷爷，爸爸的妈妈叫奶奶，妈妈的爸爸叫姥爷，妈妈的妈妈叫姥姥……

国有史，方有志，家有谱，这才靠谱。与其将来让孩子们的孩子们的孩子们到处寻找"我是谁？我从哪里来？"，不如我们今日开始画棵家族树。

不能说家谱是我们中国人特有的事物，西方人也很讲究家族血缘。汤姆·汉克斯的经典影片《阿甘正传》中，养虾人回顾他的家族历史的情节，相信让人印象深刻。而迪士尼动画《小熊维尼和它的朋友们》有一集说的是跳跳虎为寻找自己家族的其他成员而苦恼，最后终于达到目的的故事。

家谱或者家族树的核心是传承，是人们的情感和精神寄托。我们的榜样示范说不定若干年后会激励一个羸弱小子奋发图强。

 ## 家族树这样画

带着孩子做一棵这样的家族树吧。

先画一个粗壮的树根（只要起笔了就不要评判孩子画得像或不像、好看还是不好看、大还是小，这些都不重要，千万不要让这些细枝末节耽误了你传递家族关系的大事），代表着本家的源远流长。如果你知道族谱的源头，可以写上去。

如果你不想整得这么复杂，就从曾祖父开始吧。如果你不知道，抓紧问问去。

然后画出两个较粗的树干，一个是爷爷奶奶，一个是姥爷姥姥；接着画出树叶——自己的兄弟姐妹，再为每一片树叶配上另一片树叶，代表着各自的配偶；最后开满的小花，就是我们的孩子。

如果有可能，去搬迁前的老宅子瞅瞅。

我们现在已经不把光宗耀祖当成生活的追求了，不过如果在实现自我的同时能够光宗耀祖，或者光宗耀祖的同时实现自我，何乐而不为呢？

好绘本慢慢读

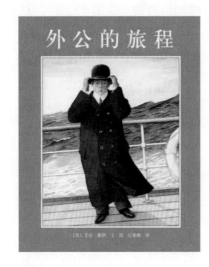

《外公的旅程》

《外公的旅程》是我经常拿来与家长们讨论的一本书，故事说的是一个日本人移民到了美国，努力学习和工作，时间长了又因想念故乡而回到日本。他的女儿和外孙都生活在国外，而这位外公最后选择留在日本养老，落叶归根……每次讨论完，我总是提出来请大家回去带着孩子一道听爷爷奶奶、姥姥姥爷说说他们的过往，哪怕你们听过或者知道，这是要我们的下一代知道老人们的"奋斗"，知道老人们当年的努力。

第十一讲

故事哥哥
——公益活动我在行

有慈善心不如有公益行？

FSR 是什么？

哪些公益适合孩子做？

.... **儿童阅读公益活动** ....

我组建了一个儿童阅读公益组织——爱阅团，这些年来在北京、唐山、上海等地进举行了近 500 场的儿童阅读活动。一开始儿子是亲子读书会的种子、核心听众，他的出现对其他小朋友也是个鼓励。甚至于有些比他小的孩子会把他当作学习的榜样。

大概儿子 5 岁半的时候，有一场亲子读书会需要大孩子来给小朋友读书，我邀请儿子参加，给其他的孩子讲故事。儿子建议我和女儿也参加，用表演的方式去诠释《鸽子捡到了热狗》，效果还真不错。

以后有好几场公益亲子阅读活动，儿子和女儿都热情参加，不仅做讲故事的义工，慢慢地还承担了拍照、收拾场地、发放资料等任务。

2013 年暑假，我们倡导为乡村孩子捐赠图书，在好友范围内发布了消息，最后得到了7个家庭的支持，9位小朋友共为唐山小王庄的乡村图书馆捐赠了200本好童书。不仅如此，这些孩子们还相约为乡村的孩子们读绘本故事。我的儿女、好友的孩子还准备了包括绘本剧、朗诵、讲故事等不同内容的小节目，引起了更多乡村儿童对阅读的兴趣。

2014年开始，我们一家四口定期地为五个偏远地区的班级捐助班级童书角。这些活动，反过来也促进了儿女对阅读的重视。

公益行为已经成为指标

FSR指的是Family Social Responsibility，是我参照CSR（企业社会责任，Corporate Social Responsibility）创造的。意思是一个家庭要从社会最小组成单位的角度为社会创造价值，承担责任。家庭中的每个成员在成长，每个家庭又与他人和社会互动——因为更多的人愿意去燃烧自己，不求任何回报，只为内心的追求。

做义工就要摒弃功利心，只管去做，不要等待记者的摄像机，没有必要摆个架子作秀。

做义工是让孩子提前走进社会，感受人生有趣、有意义的方法。做义工不仅可以将我们的真善美教育进行量化和具体化，表达我们的爱心以及提升孩子的社会责任感，还可以锻炼孩子的执行力，为今后的升学和就业做准备。

孩子能做哪些公益？

做公益的范围很广泛，捡拾垃圾、为他人指路……希望孩子能树立为他人服务的观念。在西方当义工都得竞争，我们还在观望阶段……其实，从身边入手，我们可以发现很多被别人忽视和蔑视的事情都是我们可以做的公益。都说柴米油盐酱醋茶，吃喝拉撒睡，这些是自家的活儿。出了家门，楼道里有烟蒂、纸屑，甚至有别家扔的成袋的垃圾，你和孩子走过，感慨这世道，这人风，这素质，其实都没意义，最好的就是弯腰捡起来，扔进垃圾桶里。

每次带着儿子出去溜达，我都很疑惑，难道我脑门上写着"我是活地图，问路找我"？最多的一次是在一个路口有六人找我问路。还好，我特别愿意帮人指路。我还鼓励儿子去给陌生的问路人指路。有一次，儿子看到有个哥哥在路边看地图，就上去问人家要去哪，"让我来帮你吧"。

第十二讲 **量变到质变，静待孩子进步**
——每个孩子都有自己的进度表

早期教育到底何时开始?

早期教育教什么?

家长能教什么?

有位爸爸来咨询我，他觉得自己两岁半的孩子聪明极了，看看适合报些什么样的兴趣班，才不会耽误孩子。

还有位妈妈在分享中说，为了让孩子早识字，从 1 岁开始，就把家里的各个物品都贴上了汉字，每天跟孩子念。现在孩子 2 岁了，认识 200 多个字了。

我看过一位父亲写的育儿书，说 3 岁的娃是如何记住多少单词，认识多少汉字，把我吓得不行。还有一本书说的是如何培养天才，你要看到也会这样感叹：咱家的娃怎么就不灵呢？忍不住就要早教去。那么，家庭的早期教育到底应该从什么时候开始呢？又该如何实施呢？有着怎样的评判标准？

有时候，最好不要跑得那么快

有一句话说："孩子一生下来就教育，已经晚了。"

人生的竞赛，真有这么可怕吗？

幼儿的早教确实从一出生就可以开始。但是，如何进行和"教"什么，取决于孩子的生理成熟度。

儿童的早期教育是建立在儿童相对发育成熟度基础之上。不同成熟度的孩子，从体力活动到感知觉、认知，以及大脑皮层的各种高级神经活动，都会表现出不同的能力水平。很多父母总喜欢将同龄的儿童进行能力水平的相互比较。其实，在生活实践中我们都知道的一个简单道理是，我们说的"年龄"，指的是"日历年龄"。同为 1 岁的孩子，生在年初还是年尾，其生理成熟度可相差不小，能力表现也就会有很大差异。

"所谓几岁、几个月，是指孩子生下来经历了多少喂养的过程。时间够了，营养够了，他该有的能力就会表现出来。否则，达不到其生理成熟度，任何所谓的'训练''早教'都无助于事。过早、过重的训练，反而加重了儿童的负担，压抑和损伤儿童的体格发育和能力发育潜能。"著名的科学育儿专家丁宗一教授提出这样的观点。

我的一个观点是，所谓早期教育的起跑线是自家娃儿特有的，在这个起跑线上，只有他一个人和自己赛跑。

理解了这一点，也就理解了另外一句话：孩子一生下来就要进行教育。确实，孩子一出生就处于由父母、祖父母等家庭成员所组成的特有的家庭教育环境，家长要根据孩子自身的认知发展水平，对其进行适宜的早教。

早教教什么？促进大脑发育是关键

人体最早形成的系统负责控制 5 种感官：触觉、嗅觉、味觉、听觉和视觉。这也是早教要遵循的一个顺序。婴儿所触摸到、嗅到、尝到、听到和看到的一切事物，都会加强大脑的锻炼，从而促进大脑发展。而大脑的发展是智力发展的基石。

比如，在婴儿开始理解单个词之前，大脑内必须构建好复杂的神经回路。要构建这些神经系统，第一年的时间内，就需要先收听到数量巨大的声音和词语。

早教最重要的事是促进孩子大脑的发育，而不是去锻炼大脑。为孩子提供温暖轻柔的触摸是很重要的事情，对其以后的情感、身体和智力发展都有利。

其次，要帮助幼儿学会说话。

从生物学的角度来看，每一个正常的孩子都会习得语言，学说话很可能是所有人一生中最美妙的智力成就，而且对以后的发展殊为重要。比如，到了小学期间，语文学习中的作文能力是很多家长纠结的问题。锻炼作文能力的一个好方法就是"你说我写"——让孩子将自己感觉到、理解到的内容用嘴巴说出来，并由家长记录下来，再逐步过渡到让孩子自己写。

早教怎么教？不闻花香埋种子

◇ 让孩子的生活多样化

丰富的经历会使大脑的发育更加和谐，也有利于大脑的构造和特定的环境（家庭、学校、同龄孩子间等）之间变得更加适应和协调。

比如，家长可以给孩子提供多种玩具，尽量不让孩子总是长时间（比如十多天）玩同一种玩具。

如果担心浪费，可以将孩子喜欢和熟悉的玩具先给收起来，过一段时间再拿出来，孩子会再一次产生兴趣。

◇ 带着孩子去不同的地方

带着孩子到不同的地方游览，可以丰富孩子的阅历，让孩子欣赏到不同的景象。特别是让孩子有了亲近自然的机会。

可以带着孩子到社区里所有孩子能进入的场所去看看，同时跟他介绍这些场所。带孩子上街的时候，不要匆忙经过路边的各种服务机构，而是领着孩子走进去，在介绍的基础上，体验一下。

◇ 带孩子接触不同的人

让孩子接触家庭成员以外的人，尤其是接触不同年龄段的人。一个比较好的方法是组建社区小组织，找到适龄的孩子，组成可以一起玩耍、一起读书、互相串门、亲子出游的松散团队。

3 岁以后，孩子的成熟度发展到足够水平，又进入了幼儿园这种学习和社会交往的特定场所。这时候，一件很重要的事情是家长要把各种兴趣推送到孩子面前，仔细观察孩子对不同兴趣的反应，给孩子提供接触、实操、体验的机会，从中发现孩子的兴趣。

同时，也要注意，孩子的兴趣是会发生多次转变的，这并不一定代表着孩子"喜新厌旧""没有长性"，应尽量去适应孩子兴趣上的变化，等待和发现孩子真正的兴趣。

反之，如果父母对孩子强制性地进行灌输和"兴趣培养"，容易将孩子的思维方式和行为模式过早地固化。这样一来，孩子大脑的某一部分功能虽然会发挥很大的作用，但是，大脑负责构思和突破的创造性功能就会减弱。

而且，如果强制性地让孩子做他不愿做的事情，不但会使孩子没有自主性，还会使他成为没有积极性和干劲的人。最重要的是，父母和孩子都不能失去轻松愉悦的心情。把"兴趣爱好"与不良的心理体验画上等号，也就基本上扼杀了孩子将来继续探索这方面的欲望。经常或反复的话，孩子做事的欲望容易枯竭，极有可能发展成缺乏创造性和积极性的人。

因此，早教不要期盼孩子过早地开花结果，而应给孩子的心智发展埋下幸福的种子。

早教不要比，切忌进行单一评价

有一所全国性规模的英语学校，以培养、提高英语考试能力为宗旨。在这所学校里，最初以中学以上的孩子为培养对象，后来年龄越来越小，一直到开设了幼儿园儿童的学习课程。现在，他们又进一步降低了年龄，还有以婴儿为培养对象的课程。

除了学校，还有许多提倡幼儿教育、早期教育的机构。关心幼儿教育的人在逐渐增多，这是非常好的事情。但要注意的是，有些机构会对幼儿进行"评测"，而家长也很在意这些评测的结果。

当下社会，人们对成功的定义和追求，已经远离家庭教育之本。翻开报纸，常常可见"某某大学的富豪多少多少"等类似的报道。有一本宣称培养了天才儿童的育儿书，书中孩子的天才事迹就是英语口语好，可以跟外国人进行交流，幼儿时就树立了远大的理想——上哈佛、当总统。这些会给一些父母一种错觉，以为不管怎样，不达到这样的目标，就是没教育好孩子。

每个孩子都是独一无二的，我们需要有多样的评价方法，如果只以一种评价方法去衡量孩子，并为之叹气失望，家长就会焦虑，就会忽视了孩子其他的能力。特别是在集体教育中，在与其他孩子进行比较之后，母亲往往生出这种念头："别的孩子都能那样做，你却不行……"

每个孩子都有着自己的生理成熟度，评测结果即使达不到所谓的标准，也不过是某一时期、某一维度的评价。家长需要以长远的眼光去观察孩子，带领孩子发挥自己所长，成就自己所长。

每个孩子本就不同，孩子的成长环境也各异，因而别人的育儿计策未必适应你和你家娃的家庭教育，父母要有耐心去探究孩子的身心发展规律，在榜样示范中找到适合自己孩子的某个方法。

在早教的道路上，如果我们选择了某些方法、工具和活动去教育孩子，即使发现孩子接受早教的速度比较慢，也不要为此而怀疑"这个孩子不行"。相反，我们要自我调整，看看自己对于早期教育的期待是否过高。

我的儿子在很多方面似乎比我更"慢"，可是他却在我的影响下喜爱上了"快"的足球运动，而且因为他从两岁开始玩足球，到他12岁小学毕业的时候，这个幼时的兴趣成了他选择中学的重要依据：在几个愿意招录他的中学中选择了足球乃其传统项目且总能名列北京市前茅的学校。而且，因为儿子对于足球的爱好，他的体格也在慢慢地发生变化，从弱不禁风的样子发展成强壮的大个子——13岁的时候身高就超过了180cm。在同样的家庭教育理念指导下，我的女儿却走上了广泛学习兴趣的道路，经过反复的尝试，她学习了京剧、相声、钢琴、舞蹈、扬琴等多种，且都能认真学习，乐在其中。

父母最不应该把知识教育当作早期教育的唯一，把智力开发当作早期教育的重点，要以孩子为本，发展他自身，兼顾情绪情感、初步能力和日常知识培养，让咱的娃成为"不会倒在长跑途中"，知道什么是幸福的人。以免在被追问"你幸福吗"的时候只脱口而出"我考了100分""我考上了清华"。与孩子一生的幸福相比，这些过程中的节点不那么重要。

好绘本慢慢读

《一定要比赛吗？》

《一定要比赛吗？》是好莱坞电影《真实的谎言》里女特工扮演者的作品。她在其中提了很多好问题，比如，人生是一场比赛吗？我们的人生就是要学会更快的起跑、一刻不松懈的途中跑和最后的冲刺？

"如果大家不互相帮助，是不是我们都会累倒？"书中还说："有时候，最好不要跑得那么快，落在最后，才会发现风景的美妙。"

第二章 ｜ 看——孩子的周围

看是亲子共读，看是亲子旅游，看是家庭影院，看是探索城市……

聊天、故事、散步……不同的方式，不同的行动，不同的功效。也绝非就这几种方法供各位依葫芦画瓢，而是提供一种开启各位更多方式、更多行动的样板。

同样，我们跟孩子谈的所谓"通识"，不仅仅是埋下种子，更重要的是希望在观察、沟通、研究中，影响孩子。在将来，这些四两终可拨动千金，这些三脚猫亦能成大宗师。

让我们给孩子可观看、可思考的氛围，也要去珍惜——我们一起看的时光。

13 读有趣的书，让孩子爱上书
——阅读习惯的支点

有趣的书有哪些?

怎样读出趣味来?

培养阅读兴趣和学习如何兼顾?

先有兴趣，才有习惯

在阅读这方面，我们先是培养孩子的阅读兴趣，后有孩子爱阅读的习惯，最后是为了兴趣而阅读。

在我的各种讲座中，家长问得最多的问题是："孩子从多大开始阅读比较好?"一般我都说越早越好，只要孩子想要玩玩具，就把书和其他玩具一起扔给孩子。

要想孩子有阅读习惯，越早培养越好，让他知道自己的成长过程中有书相伴，有爸爸妈妈读书的声音相伴。要顺应孩子的发展规律，提供适合的阅读材料，进行亲子共读。

◇ 2～3岁孩子读什么?

这个年龄段的孩子，已经明白书是一种特殊的用来看的"玩具"了，不再撕书、咬书，把书搬来搬去了。

他们的记忆力超强，唐诗、《三字经》等，听啥背啥。

他们开始有了符号、文字概念，对于生活中常见的商标、交通标志等符号有很强的记忆力。他们也开始喜欢听重复的故事了，总是挑那几本固定的书，要爸爸妈妈一遍又一遍地讲读，这是因为他们的经验还不够多，基于"阅读安全感"，对于熟悉的故事，有着极大的满足感。

他们的自我意识逐渐萌发，关心和常规及生活习惯有关的故事。

适合2～3岁孩子读的图画书有些什么共同点呢？个人觉得有以下几点：

（1）主角是动物，有着更加拟人化的情景。最好是可以描画成可爱形象的动物种群，兔子、老鼠和猪是这个时期出现比较多的角色。有些作者别出心裁，比如宫西达也，他把蛇和恐龙刻画得很有爱，也获得了小宝宝的喜爱。

（2）和同龄宝宝言行举止密切相关的生活情景。比如吃饭、刷牙、便便、睡觉等。这是孩子们熟悉的生活，经图画书中夸张的文图表现出来，特别能引起小小心灵的共鸣。

（3）文字简单，文字中的声音效果突出，各种象声词使用较多。

一直坚持亲子阅读的，可以根据自己孩子的实际情况选书。如果是刚刚接触到亲子阅读图画书，可以参照以下方法选书。要加以说明的是，这些书入选的一个重要基础就是有趣，读来让你和孩子感到身心愉悦，能够吸引孩子们持续阅读，从而喜欢上读书。

（1）简短直白的对话优于较长的描述。此阶段，孩子正处于语言爆发期前的准备期，还不适应长句子和大段文字描述，但已经开始有了兴趣，特别是重复可预测的文字。

（2）文图关系开始紧密结合。孩子对书的整体和细节有了认知，对于图画中的"彩蛋"乐此不疲。

（3）自身的发展进入一个新时期，有的孩子进了幼儿园，开始有了好恶区分，这样的发展会让他们从图书中寻找角色认同。同时,因为体验了集体学习机制,不仅继续对充满想象的书保持兴趣,对数数、认知颜色、动手操作等功能书也会产生兴趣。

(4)对某一类书产生浓厚的兴趣,比如恐龙书、汽车书、仙女书等。

总体来说,2~3岁的孩子专注力持续延长,但依然活泼好动。如果是刚开始进行亲子阅读,更需要以生动有趣的图画书导入。

◎ 4～5岁孩子读什么?

4～5岁的孩子有识字的渴求,家长可以鼓励他们"自己读书"。这个年龄段的孩子会对以下类型的图画书有好感:

(1)孩子们会喜欢书中"非同常人"的角色,有着各种各样的个性化的言行举止。

(2)故事情节紧张曲折。

(3)此时的孩子在幼儿园的教学活动中,学到了很多"传统故事",有些颠覆传统故事的图画书,会得到他们的认同。

(4)重复性、可预测的图文,继续得到他们的认同和喜爱。

◎ 5～6岁孩子读什么?

5～6岁的孩子大脑发育到了一个新的水准,又加上在幼儿园锻炼了社会性,在阅读上也有了较大的进步,阅读的方法和关注的范围都会拓展。不仅仅听故事,也会组织故事并参与讨论;不仅仅阅读图画书,也开始阅读桥梁书;不仅仅让我们选书,更会自己选书。

我们要给孩子提供更宽松的阅读环境和更多的图书选择。

由于思维发展水平有所提高,5～6岁孩子在看图书、听故事等方面的要求也都和以前不一样,更加喜欢连贯的、有情节的故事。

这个年龄段的孩子还有以下阅读特点：

（1）知道一本书的组成部分及其不同功能。

（2）不太愿意多次重复地看同一本图画书了，但是听到熟悉的书面语言内容时，还是比较关注，并开始尝试去识认文字了。逐渐开始通过部分特征辨认一些常见的字词，会读形声字，会通过词组的熟悉字来推测生字。

（3）进一步对科学知识感兴趣，对人文历史的兴趣也开始显露。

（4）能够复述或表演部分的或是完整的故事情节。

（5）知道一些作者，能够看出绘图的风格。

（6）对报纸开始有了兴趣，会关心时事新闻了。

（7）听完一个故事后，能够正确地回答有关问题。

（8）对于可预测读本，能够做出预判断。

（9）愿意与别人分享，有时候会"抓住"别人讲故事。

关于亲子阅读的疑问

◇ 图画书多少是个够？

多少图画书算"多"，多少图画书算"少"？这个数量是因人、因家庭、因阅读习惯而异的。如果父母和孩子都习惯少量精读，那么一年买12本书，一个月仔细反复读一本，只要孩子和父母都开心满足也挺好。如果父母本身就爱读书、爱藏书，或者是图画书爱好者，那么藏书千本也并不算多。

其实，即使对成人来说，如果已经把藏书当成了一种生活方式，也就不会要求每本藏书都要精读。通常部分精读、部分泛读、部分纯为收藏，是很多藏书人的现状。孩子也是一样，他们会根据自己的喜好，选择精读一部分，泛读一部分。精读和泛读从不同角度都可以带给孩子收获。

◇ 电子图画书适合宝宝阅读吗？能替代纸质图画书吗？

如果是做得比较精良、品质比较好的互动多媒体书，我觉得还是有它的优势的。比如接力出版社做的"第一次发现"APP，就是一个不错的综合电子读物软件。所谓综合电子读物，是指孩子在进行阅读时，不但眼睛在看、耳朵在听，而且需要手指配合操作、大脑配合思考，这种综合的感官刺激对 3 岁以上年龄稍大的孩子还是有益的。

我的原则是，凡是电子设备特有的，比如可以互动的电子书、iPad 特有的适合宝宝的综合电子读物软件……我可以接受和孩子一起感受。其他没有电子设备特有的优势，可以由纸质图画书替代的，我还是建议回归纸质图画书。因为读书不仅仅在于获取书中的知识或了解书中描写的故事，读书这个行为本身也是对某种生活方式的认同。纸张的质感、翻页的感觉、油墨的香气，都能给一个爱书、爱读书的人精神上的享受。如果妈妈想带给孩子的不仅仅是"知识"和"故事"，而是希望孩子认同"读书"这种生活方式，纸质书所营造的读书氛围和带给孩子的精神享受是不可替代的。

◇ 怎样阅读英文原版图画书？是先读英文再翻译成中文呢，还是直接用英文来读？

没有统一的标准，要视孩子的语言能力和阅读水平而定。但总的原则是，在阅读习惯养成中"趣味"是第一位的。如果孩子刚刚接触英文图画书，先用中文让他了解故事情节是很必要的，否则他都不知道妈妈在说些什么，兴趣何来？你要首先让孩子感到"英文书也有趣"，才能为英文图画书阅读之旅开个好头。

另外提供给妈妈一个技巧，如果你的孩子 3 岁，读中文图画书已经有一段时间了，那么你在为宝宝选择英文图画书时，可以比孩子的实际年龄小一点，

选择 2 岁左右的英文图画书给宝宝。对第二语言陌生，语言理解的难度增加时，就将内容的难度降低，这样适当降低难度的方法有利于让孩子接受英文阅读。

◇ 给宝宝读新图画书前，妈妈需要预习吗？

在给孩子读图画书前，妈妈要自己先读一遍图画书，而且最好是朗读。这样妈妈就可以对图画书的图文关系、讲书时声音的处理有一个综合的把握，就更容易在讲书时把故事讲得有意思，把作者想要表达的情感以及故事情节的起伏表达出来，就更容易让孩子喜欢图画书，喜欢和妈妈一起进行亲子共读。

从另一个角度来说，预习图画书也是对孩子的尊重。不要让你们的亲子共读每次都是随意和随机的，要让孩子觉得你很在乎和他一起读书这件事，这是孩子和你之间的一件很重要的事，你要对这件事很用心，努力让这件事变得有趣。

◇ 读导读是否对妈妈有帮助？

导读是给那些愿意看导读的人看的，并不是必须看的。妈妈可以读一读导读，作为自己对这部作品更全面认识的补充。在孩子已经反复读一个故事，对故事已经很熟悉的基础上，适当给孩子讲解一些关于图画书创作的背景知识，作为对老故事的新鲜信息的补充也是可取的。但是导读提供给你再多的背景信息、传递再多科学的图画书阅读方法、表达再多作者对图画书的理解，都不能决定你和孩子之间最适合的阅读状态。

很多妈妈喜欢在读完一本图画书后，人为地给孩子深化主题，提升一下思想意义。而事实上，在对于图画书的理解上，没有对与错。孩子在他特定年龄认知基础上的理解，很多时候甚至可以看到成人看不到的风景。人为过多的成人化的深化和提升，很可能干扰孩子对故事的感受，甚至成为孩子在阅读过程中的一种负担。

◇ 读图画书和讲故事，哪个更好？

各有利弊。讲故事的过程是妈妈用声音传达给孩子的过程，在这个过程中，妈妈会对故事进行个性化的处理，增删情节，注入个人或家庭的价值观和情感。另外，妈妈可以讲出来的故事，通常都是她本人熟悉的，这样在对故事节奏的把握上就会更为得心应手，语言的运用也会更贴合亲子间的日常状态。举例来比较一下，单纯念图画书时，妈妈通常会说一只恐龙高多少米，大象的鼻子长多少米；而讲故事时，妈妈则多会说，一只像我们家房子这样大的恐龙，或是大象的鼻子有晾衣竿那么长。

读图画书则是另外一种状态，孩子不仅仅是用耳朵听妈妈讲述，同时眼睛还会关注图画书里的图画，从而得到更立体、更全面的故事享受。图画对孩子的影响不可小视。

◇ 带孩子去绘本馆或图书馆有什么特别的益处吗？

即使家中可以提供给孩子足够的图书，带孩子去图书馆或绘本馆依然有不可替代的益处。首先，当孩子在图书馆或绘本馆的大量图书中看到自己在家阅读过的图书时，那种"这个我家有，这个我看过！"的自豪感和喜悦感会极大地提升孩子阅读图画书的兴趣。

对于大一点的孩子，妈妈还可以通过带孩子在图书馆或绘本馆阅读，培养孩子自主选择图书的能力。因为妈妈即使再精心地为孩子选择图画书，都不可避免地带有自己的主观色彩。对于妈妈选择的图画书，孩子并不一定都会喜欢。这种情况下，妈妈完全可以通过去绘本馆或图书馆的方式，让宝宝接触更多图画书，从而让宝宝学习自己判断和决定，哪些图画书只是想在这儿翻翻，哪些想要拥有，想要买回家去反复看。

亲子阅读有用小建议

◇ 死亡话题晚些涉及

死亡的话题是相对严肃的，4岁以下的孩子并不适合涉及。妈妈可在孩子4岁以后再和他一起阅读"死亡"话题的图画书。

◇ 恐怖故事欢乐读

对于像鬼怪、巫婆等题材的图画书，如果担心孩子会害怕，妈妈可以使用一个小技巧——"恐怖故事欢乐读"。因为如果故事本身就带有让孩子害怕的元素，妈妈还要用声音效果制造出恐怖的氛围，孩子就会更加害怕了。而如果妈妈的声音愉快而轻松，孩子就比较容易接受。

◇ 不用担心图画书里的"小情感"

爱情是人类共有的情感，不同年龄的孩子对所谓的描写"小情感"的图画书会有基于他现有年龄的理解。成人的很多担心是基于成人对"爱情"的理解而产生的，低年龄的宝宝很可能并不会理解到妈妈担心的层面。在读图画书的过程中，妈妈只需要把图画书中表达的故事和情感传递给孩子就可以了，不需要额外解释。如果孩子向你提问，也只需要做到问什么答什么就可以，不要主动去推进或深化问题。

好童书慢慢读

《再来一次！》

小龙玩了一天了，该睡觉了。他刷好牙、洗好澡，举起他最心爱的书。睡前故事时间到啦！

龙妈妈抱着小龙，讲起了顽皮的火龙塞德里克的故事。小龙真是太喜欢这个故事了，讲完一遍，小龙说："再来一次！"又讲一遍，小龙还说："再来一次！"再讲一遍，小龙仍旧说："再来一次！"

妈妈讲啊讲啊，故事越讲越短，跟原来的故事越差越远，小龙的一身绿也慢慢开始变红，直到最后，妈妈"扑通"一声，翻身睡了过去。小绿龙彻底变成了小红龙，"轰"地喷出一口火，把书烧出了一个大大的洞。书里的火龙塞德里克可遭了大殃啰！

《妈妈，给我讲个故事吧！》

这原本是一个小蚂蚁移山的故事，不过，米夏埃尔和克里斯这对明星搭档才不会让故事朝大家期望的方向发展。在美好宁静的睡前时光，孩子的奇思妙想代替了普通的情节，童话角色从温顺可人变得调皮捣蛋，故事也越来越荒诞……

一条小龙因为喷火，喉咙不太舒服，所以它去看医生，可是它却朝医生喷了火。医生为了灭火跑到河边，可是很不幸，他的屁股被河里的鳄鱼咬了。接着，又惹怒了一只长毛象，长毛象把医生甩到一棵树上。医生却掉进了翼手龙的巢里，翼手龙把医生带到高高的山顶。就在那时，医生却可以回家了。你知道为什么吗？小女孩兴奋地说："因为啊，有一只小蚂蚁正好在移山。"而这时，妈妈已经睡着了。

这个看似不寻常的故事，其实会发生在每一个家庭，每一个有睡前故事的晚上。孩子的想象力和好奇心有超乎寻常的艺术力量，每一个孩子都是天生的讲故事高手。

埋下数学思维的种子
——游戏里的数学启蒙

孩子的数学启蒙如何入手？

会算题和懂概念谁更重要？

有哪些学习数学的趣味方法？

数学一直是孩子在学习知识的成长过程中比较难的一项。在现有的从幼儿园到小学的数学启蒙教学过程中，难度和进度使得孩子们很少去深层理解那些数学概念。所以，家庭教育要弥补这种不足，特别是要在日常生活中做些学前教育准备，引导孩子多观察，进行分类、比较、排序、配对等简单数学思维锻炼。

阅读启蒙中的数学启蒙

孩子慢慢有了阅读习惯后，我们不妨选择有数学概念的图画书跟他们共读，当然一定是有趣的图画书。比如《第五个》《七只瞎老鼠》,《第五个》简直就是"5以内数的减少"的典范。

"数的减少"是个很重要的概念，对于孩子来说也不是那么容易理解：好好的都还在的东西怎么会少呢？ 5个苹果吃了一个，那一个在肚子里啊！

你还别笑，这个问题我还问过已经上一年级的儿子，他的答案和女儿的一样。

那你儿子可够笨的。

你不会这么认为吧？

仗着我们家人多，我们玩过"5以内数的减少"的游戏——抢座位。我们家4人，加上姥姥和小姨共6人，摆放好5只凳子（无椅背的圆凳较好，最好是适合孩子高度的儿童椅），一声令下大家就绕着凳子转，再一声停，大家抢凳子，没抢到的就靠边站。第二轮撤掉一只凳子，接着来。

我在读书活动中带领孩子们做过这个游戏，孩子没有不乐意参加的。要注意的是，游戏本身更吸引孩子，我们事先跟孩子讲游戏规则的时候，根据孩子的年龄大小，有意识地将这个数学知识点给"介绍"一遍，但千万不要搞成教学设计。

数学知识按照"数与计算、量与实测、图形与空间、统计与概率、逻辑与推理"这五大方面去建构幼儿的数学学习基础。我们学习数学的时候，大概都不清楚数学知识的这个架构，其实我们可以多了解一些，然后对孩子进行这几个方面的数学启蒙。

数学，其实是无处不在的。

从零岁开始的图卡阅读，指物辨物、认颜色、分果果、数指头……这些都是数学啊！所以，伟大的家长们，我们是从零岁就开始了数学学习。

还有很多童谣也在告诉我们数学知识。有简单的数数，比如任溶溶老师的童谣《我给小鸡起名字》："一、二、三、四、五、六、七，妈妈买了七只鸡。我给小鸡起名字：小一，小二，小三，小四，小五，小六，小七。小鸡一下都走散，一只东来一只西。于是再也认不出，谁是小七，小六，小五，小四，小三，小二，小一。"也有复杂的乘法："一只青蛙一张嘴，两只眼睛四条腿。两只青蛙两张嘴，四只眼睛八条腿。三只青蛙三张嘴，六只眼睛十二条腿。四只青蛙四张嘴，扑通扑通跳下水。"我们还可以五只、六只青蛙那样跟着编下去。

我们也可以用图画书进行数学启蒙。如《第五个》《七只瞎老鼠》《十朵小云》《切切切》《你一半我一半》《数数看》《十个人快乐大搬家》《100 层的房子》《大象的算术》《那只深蓝色的鸟是我爸爸》《狮王的蛋糕》《365 只企鹅》《壶中故事》《奇妙的种子》《兔子的 12 个大麻烦》等有趣的图画书，孩子们都可以从中学到数学知识。此外，还可以从专门的数学套装图画书中学习。

对于这类"非专业"的有用阅读，家长要注意以下问题：

（1）阅读第一。

数学图画书、童谣本身是有趣的故事，别抱着教科书、辅导书、练习书那样的"期望"来教。

（2）兴趣为主。

不能急于求成，不能用成人的数学认知去类比你的孩子，不要逼着孩子去"学习和理解"其中的数学概念，要以兴趣激发为主，而不是技巧和练习。

（3）从简单入手。

上述这些图画书从数数到阶乘都有，我们应该根据自己孩子的年龄选择合适的略微简单的图画书，由浅入深，提升自信。

（4）一定从生活体验中印证和学以致用。

在阅读时并不一定要孩子完全理解这些数学概念，而要以生活化、故事化、图像化的方式，让孩子们自然而然地接触到这些概念，进而在脑海中留有印象。

街道上的数学

上了幼儿园以后，孩子已经"学会"了数数，我们可以利用一些场合、一些话题和他们玩一玩数学游戏。轻松的环境不会让孩子觉得是在"学习"。

孩子们通常都很喜欢公交车，我们可以了解孩子最喜欢的是几路车，比它多一路、少一路的是几路车。数一数，这路车有多少站？起点站和终点站（第一个车站和最后一个车站）各是哪一站？也可以数一数公交车站和公交车上有多少人。这些人中有几个孩子，几个大人……

这个年龄的孩子最喜欢跟着我们去超市，这也是让他们了解数学知识的一个好场所。可以告诉孩子"钱"的概念，认识钱币的单位和量，让其知道自己最喜欢吃的冰激凌、酸奶的价格。

汽车尾号中的数学游戏

因为爱玩、爱旅游，我们一家在车上的时间挺多，除了我们自编的各种"初级字谜"外，我们还很喜欢用车牌尾数来做些数学小游戏。

◈ **读数字**

儿子认识的第一个数字是"5"，因为小区入口有个限速 5 公里的标志牌。他 1 岁多的时候会说"153"，我们很奇怪，原来是到奶奶家的时候，奶奶总是问"知道奶奶家是几号楼吗"，然后就指着楼号说"153"。我们身边有很多这样的数字，别觉得孩子小，不懂，这些都是认读数字的好机会。

儿子 2 岁多认识更多的数字了，我们会提问前面车的车牌号是几号，孩子会从一串数字中找出自己熟悉的数字说出来。我们在表示同意之余，会把整个号牌念一遍。慢慢地孩子可以认读的数字越来越多。

◈ **做加法**

请孩子将车牌后两位的数字给加起来。这要到孩子知道了两位数，且懂得 10 以内的加法后才能玩。

大班后，儿子已经在幼儿园老师的亲切教导下，学会了数的连续相加，我们也提高了游戏的难度，要求将车牌号最后四位数相加。

◇ 算 24

这是一个非常经典的家庭数学游戏，用"得到"的 4 个数字进行加减乘除运算后得出"24"这个结果。我记得小时候父母指导我学习时，经常拿扑克牌跟我算"加减乘除 24"。这个传统不能丢，我们从儿子上大班后开始玩，一直玩到现在。

一开始不求速度，只要前面的车一直在我们前面，我们就慢慢算。家长千万别急，一方面游戏本身需要孩子去理解怎么玩，不妨多做几次试验。另一方面，孩子的计算能力需要锻炼，我们千万不要吆喝和替代，算不出来就算不出来，也没什么。别假装自己也算不出来，可以适当放慢自己的思维速度，能算出来的一定要说出来。不过，经常会出现孩子算的思路和方法与我们大人不同的情况，对此，我们要给孩子表达的机会。更何况，有时候我们算不出来，孩子却算出来了。

这个游戏的难度可以递进，儿子学习加减法，有了一定的基础，我们才开始增加难度，但也只是利用加减运算的形式去玩。学了乘法后，可以用加、减、乘。学了除法后才开始正儿八经地"加减乘除 24"。

女儿上了大班后，也加入进来，只不过她只会算加法，我们算"加减乘除 24"。现在只要我们在路上开车，任何人都会随时启动这个数学游戏。

玩这个游戏时，家长要简单清晰地告诉孩子们，一个问题可以有多种解法，一种方法不行，赶紧换另一种方法。

扑克牌中的数学

扑克牌可以玩出很多数学游戏。女儿刚开始学 10 以内的加法时，我们可以从 5 以内的牌开始玩，慢慢增加到 6，然后是 7……一直到 10。"10"是个很重要的数字，在幼儿数学中有个"9"的难题，就是无论唱数和数数，从 9

到 10 的进位对幼儿来说都是一个挑战，需要吸收和理解。而扑克牌是非常好的突破利器，因为不用借助什么水果、动物，牌上现成的红心、方块什么的，就能给孩子最直观的"数"。

而且扑克牌作为学具可以任意组合。学习 10 的组成时，我们可以只用 1～9 这 36 张牌，分别找出可以组成 10 的两张"好朋友"。

扑克牌也可以算 24。而且比赛结果能看得见：平分牌数，两人玩就每人出两张，三人玩就轮流出两张，四人玩就一人一张，然后把四张牌的点数，通过加、减、乘、除等运算后，使结果等于 24，看谁先说出运算方法。有人说出后，其他的人如果能说出不同的方法，也不算输。如果只有一人说出正确方法，就拿走四张牌。

跟汽车牌号算 24 一样，开始时，大人可以稍微放慢计算速度，以鼓励孩子，让孩子多点乐趣和自信。等孩子们以后学到了分数、开方等新的运算方法后，还可以用来算。这种游戏对提高数学计算速度和心算能力大有帮助。

其他的家庭数学游戏

◇ 自制骰子游戏

用幼儿园手工课所学来做立方体，在上面写上数字当骰子，比大小、算算差多少。

◇ 围棋

儿子 4 岁多上了围棋兴趣课。他好像对胜负兴趣不大，但他对棋局结束后的数棋子特别有兴趣，总是不厌其烦地数完自己的棋子后，又去数对方的棋子。

◇ 猜指头

就是两个人伸出双手的指头，看看加起来的手指数和嘴里说出的数是否一致。这是成人的酒吧游戏，可以让孩子非常好地计算"10 的分解"和"20 的分解"。

◇ 石头、剪刀、布

这个经典游戏实际是讲解和训练概率的最佳教案。反复地玩，再加上适当地解说一下你赢的经验，孩子会从一成不变地输给你，到慢慢地赢你。

口算、心算能力在整个学生阶段都是非常重要的，口算、心算速度快可以加强孩子的信心。我们可以用这些孩子喜爱的游戏勤加练习，为他们将来进一步学习数学打基础。

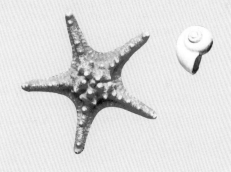

好童书慢慢读

《两只老鼠》

数学是抽象的，如果不借助于具体的事物，孩子很难理解。儿童心理学家皮亚杰曾经说过："在数学教育里，我们必须强调行动的角色，特别是幼儿，操作实物对了解数学是不可缺少的。"除了操作实物，故事中的1、2、3都有相对应的物体排列、耳听数词和手指物体（在眼观物体的基础上）三方面同时进行。特别是整个故事用极短的文字在讲故事，就数数而言，排列成"一二三三二一"的节奏，并且重复了四轮，也意在告诉娃娃们数学也是有韵律的，数学也是美的。有研究表明，3岁左右的孩子会对数量比较敏感。有了共读《两只老鼠》这样的阅读体验，说不定会给孩子的数学学习打下一个坚实的基础呢。

第十五计

对面的大厦看过去
——招牌中的通识教育

什么是通识？

有没有"没用的知识"？

我没那么多通识怎么办？

······ 儿子和女儿，我会典当谁？ ······

周四是儿子的足球日，我们俩要去中关村体育场上足球课。

每次去的路上，我们会找路边大厦的名字或者广告牌作为聊天内容。这天说的是一家典当行。说典当之前，我先给他讲了一则短故事。

弟弟有一天来问哥哥，如果爸爸妈妈要把我们其中的一个给卖掉，你说卖谁呢？哥哥愣了一下，然后回答："当然卖你啦。"弟弟哈哈笑着说："我就知道你没有我值钱。"

儿子愣了一会，证明这个故事果然很冷。但凭他与妹妹"长期斗争"的悟性，很快就明白了，哈哈大笑起来。

接着我说要是我卖的话，就卖你。然后趁多愁善感的儿子还没当真，以迅雷不及掩耳之势说出后半句："卖完后，你再跑回家。我们可以反复卖。"

儿子又一次哈哈大笑起来："是啊，妹妹还不知道回家的路呢。"

"典当就是如果我们急需要金钱，又不想把心爱的东西完全卖给别人，"我趁热打铁，"就可以先卖给典当行，谈好价格，也谈好时间，等有钱的时候再把东西给'买回来'。"

"我明白了。"

我紧跟着问了一个有深度的问题："那典当行里卖什么？人们拿物品去典当，能拿回什么？"这一下就扯到了"钱"这个特殊的商品。

因为我们经常让小朋友去买东西，自己交钱结账，所以我们聊一聊"钱"是交换商品的中介物，儿子也能理解。不过，那天我还是用一本我们共读过的图画书——《晴朗的一天》作为"辅助教材"。

我问儿子，还记得《晴朗的一天》那本书吗？孩子的记忆力是惊人的——我们多去"搅动"，就锻炼了孩子的记忆力。于是，儿子就把那本书的故事大概说了一遍。

这个故事一讲完，儿子更加了解了"一切东西都有使用价值"和"可以交换使用价值"。我们一起回忆了一本图画书的价格，以及我们各自记得的最贵的一本书，还说了足球课的学费、我正在驾驶的这款车的价格，以及足球课上老师奖励的小奖品的价格。

可是价值呢？

没关系，图画书还可以来帮忙。

我们又聊起曾经读过的《我怎样学习地理的》这本获奖的图画书。

"拿一个面包的钱去买了地图，地图的价格好像不高，可是地图为孩子带来了快乐，开阔了眼界，这是价值，是不能简单用钱的多少来衡量的价值。"我这样分析道。

儿子毕竟已经是小学生了，一副貌似听懂的样子，频频点头称是。

就这样，虽是北京交通的拥堵时刻，而我们的聊天总是很有意思，你愿意试一试吗？

中科院=中关村科学院？

有一天，我们聊到了名称的简写。先是聊起优贝足球（UBaby）的中英文名字，儿子能够说出那是"优良的宝贝，都是优秀的孩子"的意思，我也就跟着瞎补充：踢足球可以培养体质好的孩子。然后解释 UBaby 中的"U"既是"you"，也可以指"union"。我们从看奥运会时就跟他聊过的各国名字的缩写，比如 USA、CHN、RUS 等等，延伸到了 UN、UK，还有他熟悉的 DK（童书品牌和出版机构）。

我问起中科院的全称，儿子回答的是"中关村科学院"。好嘛，堂堂国家级最高研究机构成了村办。

这个挺通俗的吧？嗯，也太"科学"了。没问题，我们还聊过"国窖1573"、华夏良子、航天桥……瞅瞅你带着孩子一路能看到的高楼大厦、商标广告、机关大院，总有一款适合你们聊聊吧？

通识教育是人文的熏陶，是兴趣魔方的第一次扭动，也是现行教育下的一种奠基和一丝补充。

社会上也有了以通识教育为业务的培训机构，对于这些教育机构，我总的看法是，它们是学校和家庭教育的补充，我们父母如何引领孩子学习，本身就是对孩子人生的教育。最好是家长学会如何教育孩子，而不是推给教育机构。

如果只是将孩子们将来能学到的知识提前学，或者换种教学方式来学，我看未必是合适的通识教育。我认为，爸爸妈妈应该在生活、学习、工作和人际交往中将难以学到的知识传递给孩子。

　　父母要多想如何培养孩子自主学习的能力，激发他们的学习热情，引导他们自己扩大知识面，开阔视野。如果不能通过聊天进行，那就引导他们选择好的学习素材。人类创造的所有文明在书中都可以看到，书本可以充当孩子的好教师。父母把书提供给他们，有了问题请他们从书中寻找答案，我们可以提问，可以一起讨论，这样才能培养孩子独立思考和解决问题的能力。

　　法国人口学家阿贝尔·雅卡尔在《睡莲的方程式：科学的乐趣》一书中就说过："不管教育的内容是数学、物理、历史还是哲学，其目的并不是提供知识，而是借助知识，提供让人可以参与交流的最佳途径。"

好童书慢慢读

《晴朗的一天》

在《晴朗的一天》中，一只狐狸因为口渴，喝了老奶奶的牛奶而失去了尾巴。而为了让尾巴重新回来，狐狸就听了老奶奶的要求，去寻找青草。原野要得到水才能给狐狸青草；小河需要一个水罐才能给狐狸水……狐狸经过了多次的交换，才最终得到了青草。其展示了一个交换或者说是交易的过程。

《我怎样学习地理》

作者小时侯跟着爸爸妈妈逃难到了土耳其附近，和另外一家人挤在一间土屋里，睡不好，穿不好，吃不饱。有一天，爸爸拿着仅有的钱去买面包，可是却买回来一张被妈妈认为毫无用处的世界地图。母子俩都非常绝望的时候，爸爸把地图挂在屋里，"屋子里一下子就亮堂起来"。从此地图给了孩子无限的欢乐和遐想，也鼓励着孩子追求梦想，最终他成了一位画家和作家。

16

给孩子来点古风古韵
——家庭中的"五个一工程"

古诗文学习怎么这么难?

怎样开始古文阅读?

················ **一周一首古诗** ················

孩子两岁后通常都会在家长的辅导下背诵古诗,基本上是背什么会什么,但都是短暂记忆,很快就会忘掉。这样的记忆到了幼儿园或者小学后,又会在教学目标的刺激中被唤起。

女儿上幼儿园中班的时候,幼儿园老师开始带孩子们背古诗。女儿能把长长的《古朗月行》给背下,我还不会背呢,被女儿嘲笑了一通。于是,我就痛下苦功,每天请她背给我听,我也常常念叨,终于把这首诗给拿下了。儿子看到我念念有词,也不甘落后,找到有这首诗的《小学生应背古诗》,读了几天也可以背诵了。一不做二不休,我逼着妻子也一起来背诵这首。结果一周以内,我们四人互相提醒,互相考核,全都把这首诗给记住了。而且记忆还挺深刻的,过了好长时间依旧能记住。

不仅如此,我还勤奋学习,做了大量准备,在女儿上大班后,每周给他俩讲古诗，积累了三年多，就写出了两本《读给孩子的古诗文》。其中的第一册适合幼小衔接。

一周一个字

我在做主编编写学前识字启蒙故事时，选择了象形字、会意字、形声字这三个主要的造字方法，编写了 36 组汉字。其中的象形字从我们周围出发，从目之所及的近处、远处的大自然，到我们所接触的动植物、农活等主题，选了 12 组 96 个字；会意字选择了由象形字的结合而产生的 12 组 84 个字；形声字选择了 12 组象形字为"形"（偏旁部首）的 120 字。尽量将每组汉字通过故事的方式勾连起来，帮助孩子理解。

那个时候，我就给儿子介绍一些有趣的汉字，在家里的小黑板上写写画画。每个象形字都是一幅图，契合孩子读图、看图、记图的特性。不强求儿子能认识这个字，但求他能知道这个字。

后来发展到定期给孩子说字。那时候已经不全是我板书了，有时候我会利用孩子们画画、摆火柴棍、用毛笔乱写乱画的时间来实施说文解字。

看起来这样的"识字"很慢，量也少，但这是我们汉字的根本。

一周一个成语

我们有很多阅读实践活动，所以孩子的阅读习惯都不错。立足于此，我们会做些拓展，比如在阅读汇总时发现了成语就说出来，然后可以由我来讲解，可以由会查词典的儿子去查成语词典。我也会有意识地在故事时间里讲一讲成语故事。

说到成语故事，我挺反感目前市面上有些儿童书中选的成语故事，总是刻

舟求剑、守株待兔、画龙点睛、杯弓蛇影……这些离孩子生活太远的成语，没什么趣味性。

我会选我们平时常用的成语说给孩子听，比如车水马龙、一毛不拔、力大无穷、眼疾手快什么的，他们遇到类似的生活情境一下子就能应用。比如，我们要停车的时候，闺女总是提出比赛：看谁眼疾手快先找到停车位。

成语积淀还可以通过成语接龙游戏来进行。除了首尾相接外，我们特别喜欢一些专题性的成语接龙，比如说出带数字的成语，说出有动物的成语，趣味性更强，而且也有助于孩子形成归纳总结的意识。

一周一个典故

有些成语有典故出处，我会找到出处，读出古文原文，慢慢让孩子们知道文言文的存在，打消他们的陌生和抵触心理。

后来发展成选择故事性特别强的典故讲读给他们听。我是从"一叶障目，不见泰山"开始的，有趣的故事让大家忍俊不禁，说完故事再读一次古文，他们虽然不怎么去深究，但不抵触就是胜利。

我们看到青铜器中有很多大鼎，就开讲"一言九鼎"，这是出自《史记·平原君虞卿列传》的小故事，但是九鼎得从夏禹定天下铸九鼎说起。

还有"一人得道，鸡犬升天""一鼓作气"等，都可以从有趣的故事引到古文的听读上，让他们知道古文的存在。

一月一个古人

儿子曾经问过我屈原的事，我知道他是从端午节的故事中记住这个人的。我当时就用我记忆中的"伟大的爱国主义诗人屈原"这些知识打发了他。没过多久，儿子又问我唐诗、汉乐府之前的诗歌，还问我屈原到底写了什么诗。看样子不能再去应付孩子了，我就找来家里提到屈原的书，重新梳理了对屈原的认识和理解，另外找时间给他介绍了一番。

由此，我开始跟儿子聊起了古人。我们从孩子知道和学到的古人谈起，比如李白、孔子、李世民、门神秦叔宝和尉迟恭（正值新年前后，我们还买了门神，当时还听评书《隋唐演义》）、三曹、三苏、夏启等。

综合学习、立体阅读是我比较擅长的家庭教育方式，抓住孩子主动学习的契机，提供较为宽广的信息，和游学、看电影、课文学习等结合，这样一般可以收到较好的效果。古诗文的阅读启蒙跟母语阅读启蒙、英语阅读启蒙一样，要注重孩子的兴趣。举个不恰当的例子，金庸小说里的古诗文就很多，我们阅读的时候兴趣盎然，全赖整个小说的趣味所在。

好童书慢慢读

《花木兰》

北朝民歌《木兰辞》，讲述了一个叫花木兰的女子女扮男装替父从军的故事，在宋代被郭茂倩编入《乐府诗集》，并经久传唱。图画书《花木兰》以《木兰辞》为主线，通过绘画在传统与现代之间找到某个平衡点让读者产生共鸣。在作者看来，也许孩子无法完全理解战争，但他们会理解花木兰对父亲的那种朴素的情感，花木兰面对高官厚禄时能舍弃一切"把家还"更是一种超越，相信这些都能在潜移默化中给孩子影响。

《天孩子，地孩子》

《天孩子，地孩子》将"日""月""天""地""父""母"等12个基本的汉字，用美丽的图画一一描绘出来。作者凭借精美的插画，非常巧妙地讲述了每个汉字蕴含的意义，并让它们以华丽的姿态展现在我们的眼前。汉字、插图以及那个始终存在于崔画家作品中的可爱小女孩，都被安排得非常协调。孩子们通过观察整幅画面，能够自然熟悉这些汉字。对于刚开始学习汉字的孩子们来说，这样的绘本会勾起他们对大自然的好奇心，让他们从中得到知识，并且喜欢上阅读。如果再配合家长为孩子们朗读关于每个汉字的优美歌谣，就更会唤起孩子们心中对自然的向往和对爱与成长的渴望。

《读给孩子的古诗文》

每一册分为十个单元，每个单元有四篇古诗，每篇古诗分四个板块，包括大字版古诗原文"古诗童心"，儿童绘古诗图画"诗情画意"，对译文注释、诗人生平、创作背景等进行串讲的"子曰诗云"，基于古诗的文史地基础知识，既可以直接读给孩子听，也是给予父母和教师的阅读指导建议，延伸阅读的"诗文积累"。本丛书从壮丽山河、四季更替、花鸟虫鱼的大自然的生机勃勃入手，发展到以人为本的周遭生活，最后是怡情冶性、感念天下的生命思考。在选编上，本丛书寻求传统文化中的共性，比如：出于自然的敬重和热爱——对祖国山河的赞美，我们综合了不同时代的不同文本；出于对传统习俗节庆的尊重和

传承——我们注重礼节的知识和活动的体验，春
节、元宵、中秋、端午、清明等节庆，在有限选
本中集中地体现，并根据每一个节日的特点，将
传统文化的价值观融合进去，比如端午节融入国
家的责任、君子的修身治国，清明节融入对先辈
的敬仰和礼节教育。本书的价值选择设定了这样
的主线：生长—生活—生命。其中，一二年级的
内容选择围绕"生活"和"生长"的主题展开，
三四年级围绕"生活"主题展开，五六年级围绕"生
命"主题展开，这样的考虑符合学生的身心发展
规律。具体的内容选择按照激发儿童的诵读兴趣、
不让孩子厌烦的原则，先从有趣入手，逐步到有
用和有益。

Movie Day
——每周一部原版电影，不仅仅是学英语

什么样的电影可以和孩子一起观看？

看原版电影要不要字幕，要不要解读？

孩子看不懂怎么办？

Movie Day，每周一次的电影晚宴

一部优秀的儿童电影同样也是一部优秀的童话，而且是"活灵活现"的童话。既然是童话，就该有童话的元素，有坏蛋和无辜的好人，有和儿童心理匹配的故事节奏，有让孩子提心吊胆的情节，有皆大欢喜的欢乐结局——可惜大人们总是觉得毫无悬念。如果你还没有洞察儿童电影中的这一切，那么恭喜你，孩子们会陪着你"长大"！

除了这么动听的一个理由外，我们家主要是为了孩子的英语听力才加大了看电影的密度——每周看一次，并且命名为"Movie Day"，这一天被选定在周五。一般过了周三，孩子们就开始期盼了。

周五那天，孩子们早早就做完作业。女儿负责"印制"电影票，编上座位号和价格，"卖"给家里的所有成员。有时候会特别照顾姥姥和我，照顾姥姥

是因为要搞"公益活动"，老年人不要钱；照顾我的原因是电影日那天我常常要在网络上做在线讲座，很辛苦，所以可以不要钱。儿子负责布置座位，准备零食。最抢手的一等座是地上的垫子，二等座是孩子们的小板凳，三等座是位置稍偏一些的长凳。票价倒不会因为座位等级而不同——都是一块钱。检票时，只要从门口担任"检票员"的女儿手上划过就好。当然，这样的小把戏是早期的做法，随着孩子们逐渐长大，陆续会用不同的方法来替代：比如玩大富翁的时候，游戏中的纸币就被拿来当电影票；女儿最喜欢画画了，她就自己设计制造"家庭银行"发行的货币。

这样的小游戏，孩子们很在意，也很在行，让他们随心所欲就好，大人没必要去干涉和指导。

大人干什么呢？泡好茶，调好饮料，端过来安然坐下就好。当然，我们要提前选适宜的电影，享受这每周一次的快乐。

那么，每周看一部，都看什么样的电影呢？

孩子看什么电影

我们家讨论选片的时候，在确保适合儿童观看的前提下，认为娱乐依旧是首选条件。所以在我们家每周一场的年度排片计划中，有趣的儿童电影所占比重最大。一般而言，多数电影也具备教育性，特别是儿童片，没有教育功能也很难上映，上映后会有不同的人从多种角度来分析其中的深刻主题。

无论如何，电影一定要讲一个好的故事。《少年派的奇幻漂流》的编剧大卫·麦基说过："好的故事不是讲好人如何战胜困难的，好的故事是讲邪恶的东西如何在伟大的'善'面前屈服的。"

我们有个"功利"的目的还得剖析一下：看电影与学英语。因为这个原因，我们更多地选择英语片，即使是法国电影或者是日本电影，我们也会选有英语对白的版本。如果没有，当然我们也看。毕竟学英语是第二位的。

第一位的是和孩子共度一段美好时光，有共同的话题，如果还能学习到什么，那当然是锦上添花的好事。

那么有人会问了，孩子能听懂电影里的对白吗？问得好。因为我也问过这个问题。我们家负责英语的胡老师是这样解释的：

首先不要让零英语基础的孩子一开始就看英文原版电影，这样会使得孩子有挫败感。在孩子有些英语听力基础后，适时给孩子放些语速较慢、对话清晰的原版电影。不要小看孩子的读图理解能力，即使不能完全听懂，他们也能猜个七八成。如果对某部电影感兴趣，可以重复看，或者将电影的音频提取出来，作为背景音乐放给孩子听，这些都可以提高孩子的听力水平。

如果你先翻看了后面的电影篇目，为啥有些电影选的是老版本，而不是更现代、更具特技的新版本？不是说声光电影更能吸引孩子吗？

也对，新版本确实更加吸引孩子的"眼睛"，但也会毁了孩子的眼睛——过快、过炫的电影不利于孩子用眼睛观看、用大脑思考。

当然，看完电影我们也可以跟孩子进行讨论。不过，千万不要生硬地询问孩子的感受。我们可以在观影的过程中，观察孩子的反应，如不经意间的情感流露，对不同事物或者人物的兴趣，乃至担心、害怕、惶恐的情绪。这种儿童情绪的主动投射，给了我们进一步了解孩子的机会。如果有讨论，父母应该率先将自己的感受说出来。如果孩子不愿意说，也没必要深究。

Movie Day 进行到第二年的后半段，我们新增加一个"深入"的环节，请孩子们说一说看完电影的感受，我们给记下来。同样，不强求，有感而发，孩子们愿意说才说，我们再记录。

与书本相比，电影的表现力和丰富的内容，更容易获得孩子的认可，不过，我建议父母们还是先通过亲子共读培养孩子的阅读习惯，在此基础上，设定一定的小规则，比如我们家每周五晚上是家庭 Movie Day，全家人都要看事先选

好的电影。有人负责制作电影票，有人负责饮料，有人负责零食，如此一来，亲子观影成为欢乐的家庭仪式。

············· **坚持看原版电影** ·············

跟引进版图画书目前的整体水平优于本土绘本一样，国产片中虽说也有精品，但是适合儿童看的着实不多。真善美是相通的，电影所带给孩子的人性教育不因语言、国别而不同。就学习而言，多听英语可以弥补我们给孩子读原版书那不纯正的口音所造成的损失。

要注意的是，如果要看《放牛班的春天》、"宫崎骏系列"等非英语影片，我们最好还是找英语版的。

如果你家没有从简单的朵拉到史酷比的阶梯观看，可以从迪士尼经典动画片入手，这些专门给孩子们制作的电影，对白简单、语速较慢。

 ## 看哪些原版电影

先给大家推荐一些我们一家看过的电影。除了前面说过的有趣、有用、有益的"三有标准"外，这些片子大体上是用儿童的视角，通过孩子的眼睛、大脑来看世界、观人生。我们要注意有些电影看起来儿童是主角，但实际上说的是大人的事。

先整理一个 52 部的电影清单，可以满足一年的需求了。有★标记的电影都是在我家被孩子评为"还要再看"的影片。

52 部适合全家观看的电影：

01　*Arthur and the Minimoys*（亚瑟和他的迷你王国），2006 年。

02　*Around the World in 80 Days*（环游世界八十天）1956 年。★

03　*Brave*（勇敢传说），2012 年。

04　*Billy Elliot*（舞动人生），2000 年。

05　*Ballet Shoes*（芭蕾舞鞋），2007 年。

06　*Bee Movie*（蜜蜂总动员），2007 年。

07　*Bridge to Terabithia*（仙境之桥），2007 年。

08　*Cars*（赛车总动员），2006 年。★

09　*Casper*（鬼马小精灵），1995 年。

10　*Castle in the Sky*（天空之城），1986 年。

11　*Despicable Me*（卑鄙的我），2010 年。★

12　*The Extra–Terrestrial*（E.T. 外星人），1982 年。★

13　*Fantastic Mr. Fox*（了不起的狐狸爸爸），2009 年。★

14　*Front of the Class*（叫我第一名），2008 年。

15　*Finding Nemo*（海底总动员），2003 年。

16　*Fly Away Home*（伴你高飞），1996 年。

17　*Happy Feet*（快乐的大脚），2006 年。

18　*Hoot*（我爱猫头鹰），2006 年。

19　*Holes*（别有洞天），2003 年。

20　*Hugo*（雨果），2011 年。

21　*Home Alone*（小鬼当家），1990 年。★

22　*Howl's Moving Castle*（哈尔的移动城堡），2004 年。

23　*Ice Age*（冰河世纪），2002 年。

24　*Jump In！*（跃动青春），2007 年。

25　*Jumanji*（勇敢者的游戏），1995 年。

26　*Kiki's Delivery Service*（魔女宅急便），1989 年。★

27　*Monsters，Inc.*（怪兽电力公司），2001 年。★

28　*Marley & Me*（马利和我），2008 年。

29　*Mulan*（花木兰），1998 年。

30　*Melody*（两小无猜），1971 年。

31　*My Neighbor Totoro*（龙猫），1988 年。

32　*Madagascar*（马达加斯加），2005 年。

33　*My Sister's Keeper*（姐姐的守护者），2009 年。★

34　*Mary Poppins*（欢乐满人间），1964 年。

35　*Pocahontas*（风中奇缘），1995 年。

36　*Peter Pan*（小飞侠），1953 年。

37　*Percy Jackson & the Olympians: The Lightning Thief*（波西·杰克逊与神火之盗），2010 年。

38　*Rise of the Guardians*（守护者联盟），2012 年。

39　*Stand by Me*（伴我同行），1986 年。

40　*Shark Tale*（鲨鱼故事），2004 年。

41　*Snow White and the Seven Dwarfs*（白雪公主），1937 年。

42　*Toy Story*（玩具总动员），1995 年。

43　*The Hobbit*（霍比特人），2012 年。

44　*The Wizard of Oz*（绿野仙踪），1939 年。

45　*Up*（飞屋环游记），2009 年。

46　*The Ant Bully*（别惹蚂蚁），2006 年。

47　*That's What I Am*（这就是我），2011 年。

48　*The Blind Side*（弱点），2009 年。

49　*The Hitchhiker's Guide to the Galaxy*（银河系漫游指南），2005 年。

50　*The Pursuit of Happyness*（当幸福来敲门），2006 年。

51　*The Sound of Music*（音乐之声），1965 年。★

52　*Wreck–It Ralph*（无敌破坏王），2012 年。★

注意，有些电影是有时令性的，父母可以选择在相应的时间跟孩子一起看。

有些电影是根据图画书改编的，比如《勇敢者的游戏》和《雨果》，这两部图画书都获得了凯迪克金奖。有的是根据少年小说改编的，如《我爱猫头鹰》《别有洞天》《仙境之桥》和《了不起的狐狸爸爸》，前三部还是根据纽伯瑞获奖小说改编的。或先或后，我们可以共读童书原著。孩子说，这个书有电影，我们全家人一起看的。是的，我们和孩子一起看电影，就是在对方心里留下一些东西，或许很久以后我们能想起这个片段。

有些电影可以用来做通识的延伸素材。比如，孩子们非常喜欢《波西·杰克逊与神火之盗》，原因是他们那个时候正对希腊神话感兴趣，电影里的情节被用来和神话一一对应，而披着现代外衣的波西·杰克逊让孩子们更容易接近古希腊文明。

有一部电影没有出现在第一批的 52 部里，但我要特别介绍一下——《天堂电影院》。当我们年华老去，能有怎样的记忆影像在闪回——

意大利南部小镇，古灵精怪的小男孩多多喜欢看电影，他和放映师艾佛特成了忘年之交，在影片中找到了童年生活的乐趣。在一次电影胶片着火的事故中，多多把艾佛特从火海中救了出来，但艾佛特双目失明了。多多成了小镇唯一会放电影的人，他接替艾佛特成了小镇的电影放映师。

在电影中，多多渐渐长大，后来在艾佛特的鼓励下，他离开小镇，追寻自己生命中的梦想……

30 年后，艾佛特去世，此时的多多已经是功成名就的导演，他回到了家乡，

看到残破的天堂电影院和已经等待他 30 年的妈妈……

　　每次看完《天堂电影院》我都会思考：我们的童年有什么？我们的童年会碰到谁？谁会在故乡牵挂着我们？

好绘本慢慢读

《你看起来好像很好吃》

熟悉这套绘本的妈妈都知道霸王龙温馨系列的图书内涵丰富，既有亲情、友情、个体和族群的关系，也有人生的目的、如何做人的道理。

大电影《你看起来很好吃》融合了《永远永远爱你》《你看起来好像很好吃》《你真好》三本绘本的情节，用小霸王龙哈特（绘本中的名字叫良太）将原本在三本书中并不是一脉相连的故事连贯起来，并有了逻辑——后两本书中的霸王龙"原来是"良太啊！这样的编排使叙事节奏和故事冲突鲜明且集中，而且使得绘本中霸王龙单一的角色设定在电影的后半部分成为具有三重身份的矛盾体，它既是食草恐龙的儿子，又是另一只食草恐龙的父亲，而与此同时，它又是食肉恐龙的亲生骨肉。当然，这样的复杂关系也增加了幼儿看这部电影的难度，所以，带着孩子观看这部电影，我有两个建议：一个是要在平时做好亲子共读绘本的铺垫；第二可以观看其中的片段，比如从第28分钟开始——这是那只萌萌哒的叫作"很好吃"的小甲龙登场的时刻，也是孩子最为熟悉和喜欢的绘本《你看起来好像很好吃》的主要部分。大概观看20分钟，就可以停止观看。这既是一个情节的完整段落，也是给二三岁幼儿看电影的最佳长度。

这部电影总时长达到85分钟，即使孩子愿意和喜欢看，也最好分成三部分，既可以跟着电影中的节奏（体验从温馨到紧张再到算是不错的结局），也是一个保护孩子视力的措施，并且提出一种规则，有利于孩子养成习惯。

第十八讲

睡前故事自己编
——和孩子共同创作

睡前该讲什么故事？

如何自己创编睡前故事？

怎样鼓励孩子编故事？

写出你家的故事集

我曾经出版过适合讲给 1～3 岁的孩子听的童话故事集，其中的多数童话都是我给儿子和女儿讲故事时编出来的。有些故事如果没有孩子们的"参与"，是根本写不出来的。比如"马屁山"的故事：我们买了 MP3 用来给孩子们播放英语歌谣和故事，那时候儿子才 2 岁多，对一个能播放出动听故事的四四方方的小匣子很是好奇，总是两手抱着翻来覆去地研究着，嘴里还念念有词："马屁山，马屁山，马屁山的故事真多。"

我平常也有记录的习惯，后来就把这个小故事改写成了一篇短童话。

现在我们家里约定，每周三晚上的睡前故事，不读书，不听"马屁山"，而是由我们家庭成员来讲故事。孩子们讲的故事分两种，一种是从自己以前听过的故事里选一个来讲，另一种是"信口开河"乱讲一通。对于前一种，我们要求不讲重复的就好，即使重复，具体的细节也一定不能一样。孩子们可以通过这种方式练习口头表达能力。

我是要新编故事的，难度相对大一些。有时候我也"申请"周三轮流讲原创的故事，这样就把孩子们拉下水，一起编故事。现在讲的故事是"豁牙兔的故事"。这个故事的第一篇是应景的命题作文，那一天，女儿觉得被哥哥欺负了，就要求我讲一个以她最喜欢的动物兔子为主角的故事，这只兔子要有一个"坏哥哥"。于是我就讲了一个兔子姑娘和她哥哥的故事——

兔子哥哥一出场就去抢妹妹的胡萝卜，而妹妹因不满嘟囔出的话恰巧是一句魔咒——胡萝卜变得坚硬无比，崩掉了哥哥的一颗大兔牙，从此，兔哥哥就成了豁牙兔。

这样断断续续讲下来，也有近20个小故事了。当初的这个故事也不是按我既定的设想去完成的，而是被孩子们改变了方向，比如，最近的故事已经转成校园侦探故事了——

豁牙兔上学前发现门口有一个神秘的包裹，上面贴着一张纸条：请把这个包裹送到教室的最后一排，左数第4张桌子下。（这个和女儿在幼儿园班级里的座位位置一致，这样的细节是我特意描述的。整个故事都有类似的设计，随着儿女真实生活中的点点滴滴而"添枝加叶"。）而哥哥骑车到云朵学校停车场去停车后，发现包裹不见了。

据此，孩子们纷纷猜测原因，妹妹说包裹里是蛇蛋，孵化出小蛇跑了。我觉得这个思路很不错，于是就放弃最初的设想，沿着这个新线索讲下去。

我的故事都会让他们一起参与，他们讲述时我一般不去干涉，而是任由他

们编下去。

对孩子们来说，说故事不仅是语言表达能力的锻炼，也成了生活经验的再现，更可以锻炼思维能力。这样也比大人平常一个人苦哈哈地讲读故事要轻松不少。我们要做个好听众，不要三心二意，要全身心地去听孩子的故事，要给孩子以回应。孩子会根据我们的反应来调整故事长短，句子表达的复杂程度等。

因为我算是有名的故事爸爸，孩子们有这样的机会成为故事哥哥、故事妹妹，给我们讲述只有他们才知道的故事发展方向，只有他们能把握的故事角色的言行举止和喜怒哀乐，他们的兴趣很高，常常讲得意犹未尽。

让孩子开口编故事

经常有家长问我，孩子也读了好多书了，为什么总不喜欢自己开口讲呢？我一般回答不用着急，要不了多久孩子就会自动开讲的，到那时别嫌他话多就好。

这样的回答，我只是在平复她的焦虑心态，每个孩子的表达能力发展不同，不是你觉得他应该怎样就要怎样的。

不过，我们可以通过编讲故事的方法来"训练"孩子的表达能力。唯一要提醒的是，父母一定要做个倾听者，不要对孩子或长或短、或单调乏味（这可能只是你的评价）、或毫无逻辑、或用词不当的故事感到不耐烦，孩子可是个敏感的动物，你的这些反应被他捕捉到，会让他感到索然无味，下次再让他讲故事可就难了。鼓励孩子大胆表达吧，给孩子"犯错"的机会，他才有更多修正学习的机会，语言能力才会有大的提升。

每次讲故事，我都会拉上他们一起来"创作"。你不用怀疑孩子的创作能力。

试试总是可以的吧。

现在，我儿子特别愿意给我们讲小故事，成了我们家的冷笑话大王，小学生之间常见的一些谐音、失误的桥段，被笑点极低的儿子当成绝妙故事，讲给我们三人听，有时候妹妹率先乐开了花——有时候哥哥什么都不说，还没开口，她就乐起来。我们夫妻经常被这样的他们给逗乐——已经不太在意故事本身了。孩子们有自己的语言和思维，我们稍微放低些，他们才会进步。

下面这个题目可以测试你的童趣程度：

说你有四个苹果，吃了一半，还剩几个苹果呢？

两个。

快快检讨你是否真的听得懂你孩子的话吧。

答案是三个半。

妹妹是这样说的："不管吃几个，苹果不是一个一个吃的吗？"

等小学生哥哥回家了，我问他，没想到他的答案也是三个半。天，这个奥数班是不是不用上了？

我曾经给儿子讲过一个故事——《小心地滑》。他到班级里讲给同学听，结果另一个同学也会讲这个故事。儿子回家告诉我，那个同学也是爸爸讲给他听的。这告诉我们一个什么现象呢？更多的爸爸开始给孩子讲故事了。

讲这样的故事，只是为了帮助孩子培养表达习惯，乃至影响到他的幽默感。

读无字书，帮助孩子编故事

让孩子编读故事，还有一个好方法是利用好的无字书。

我们所称无字书一般是指无字图画书。

无字书有什么特点呢？

无字书完全用图画来说话，暗合儿童的身心发展规律——孩童用眼睛来接受信息，从具体发展到抽象。

　　我看无字书可以分为单页和多格。前者比如莫尼克的无字书，一幅幅完整的画面展现一个故事；后者比如《男孩儿，熊，男爵和诗人》《雪人》等，尽管有大跨页那样的单页，但更多的是用多格不同大小的画面来推进故事。显然，后者比前者复杂得多。

　　整个无字书中，图的大小多少，都可以用来传情达意。经常可以看到一页中有多达八九幅以上的小图，密集表现人物的动作、事情的发展，而如果是一幅大图的话，可见这页会成为情景的重点、故事的高潮。

　　无字书因为没有文字来铺垫和推进故事，所以特别注重利用图画来"叙述"，镜头感强。由此特别注重设计感，以弥补或有别于，甚至超脱于文字叙述。

　　无字书难读吗？

　　无字书不需要读。家长们如果硬要读，当然难。孩子总是喜欢先看图，看到的无所谓难易，看懂的无所谓多少。我们不要按自己的理解，非要去引导解读。亲子共读也好，独自翻阅也好，是孩子在读，留点空间、留点余地给孩子，好的有趣的无字书有魔力让孩子反复阅读。

　　适合低龄孩子阅读的无字书分两种：一种是像《米菲的梦》《莫尼克无字书》那样的亲子阅读入门书，单页大图，角色单一，情节简单，趣味性强。另一种是像《不得了的野餐》《忙忙碌碌的农场》那样的整页大图，大场景，人物众多，让孩子满页面上寻找各种东西。

　　孩子们有了一定的阅读基础后，可以阅读像《七号梦工厂》《小红书》那样具有明暗线索，但总体上情节不算太复杂的无字书。

　　还有一些无字书，貌似简单，但需要孩子反复翻阅，同时也需要家长多了解一些背景、线索以备孩子询问和讨论，比如《变焦》等绘本。

　　我们可以在孩子看无字书的过程中，发现孩子感兴趣的无字书，然后和他进行对话，引导孩子说出他所看到的画面。我们一定要容许孩子说的顺序与你所理解的图文故事不同，要让他完全放松地说出自己的所见所想。我们可以串联一些问句，或者用手指去表达问题。等孩子熟悉了，或者适应了你的表达方式，你可以进一步地用对话的方式与孩子来共同描述，还可以采用接龙的方式，一人讲一页。

你来说，我来写
——表达是写作的基础

小学生还说不了完整的话怎么办？

为何孩子说得挺好，就是不会写呢？

"我说你写"能帮助孩子提高表达能力吗？

儿子的"阅读中报"

在第六计中提到了儿子的"阅读中报"，当时我是吃了一惊，那是我第一次看二年级的儿子写下较为完整的文字，而且写得挺有意思：

如果你想当总统

这本书是关于总统的图画书，图大字不多，介绍了各种各样的总统。书后几页是总统当了几年干了什么大事。

画家用了漫画风格，很有意思。我觉得最有趣的都在第11页，有一个人向塔夫脱丢圆白菜，塔夫脱却说："我看到一位先生把脑袋丢了。"

当总统有好处，也有坏处。总统有自己的游泳池、保龄球场，可以随时锻炼身体，还有电影院，想看什么电影就看什么电影。不过，总统总得要穿着整齐、保持有礼貌的样子，还要做一大堆家庭作业——我很奇怪，总统都有什么家庭作业？43位美国总统中，还有9位没有上过学呢。

什么人能当总统呢？如果你出生在小木屋，希望会大些——有8位总统和你一样。如果你不会跳舞、不会乐器、不爱运动、不养宠物，那可太可惜了，大多数总统都会这些。

有些名字也很像是总统专用。比如有6个詹姆斯，4个威廉，4个约翰，3个乔治。你要不要换一个英文名字？

想当总统，高矮胖瘦不是问题，林肯有193cm高，163cm的麦迪逊最矮，塔夫脱体重有270斤呢。

这本书大概都是说了总统的有趣的事儿，你想当总统吗？

我曾在博客里记过孩子们说过的有趣的话，像诗歌一样的韵律文，但很少让他们去"写"什么。我认为写什么的前提是眼睛里看到了什么和脑袋里想到了什么。而表达又分为口头表达、文字表达和艺术表达几种。就孩子的表达顺序来看，口头表达好的话，以后的文字表达就有了基础。但也不是说口头表达好的人就一定文字表达好，要不然，北京遍地都是作家了，不都说北京娃爱要贫，嘴皮子利落吗？

心里想到，嘴里说到

孩子在写作初期，还会碰上一个难题：由于会写的字少，觉得写字很难、很累，于是更愿意把句子、文章写短，怎么办？

我们大人来写吧。

儿子到了大班后，我会隔三差五地让他说说这个，说说那个，我不再悄悄地记录他的话了，而是告诉他："把你想说的话说出来，想说什么就说什么，

我来给你记下来。"这下不得了，我记得有一次谈观看伦敦奥运会的感受，他说我写，写了整整两大张 A4 纸！

女儿到了大班后，根据小姑娘的特点，我给她备了一本好看的笔记本，给她做日记本。她也是隔几天就找我做"史官"，记录她的"光辉业绩"和稚嫩的想法。

有一次女儿书法课下课，很高兴地告诉我，今天的书法课最好玩了。看她迫不及待想跟我分享，我"冷静"地掏出手机，点开"录音"，把她的话给录下来，然后整理出来……我和女儿散步的时候，也是经常看到啥有趣的事物，我们俩就开始"胡诌"起诗歌来，回到家我就给记下来，一不小心也有 20 多首了。

其中一首《老房子》我还是蛮喜欢的：

院里有个老房子　　　　　　　院里有个老房子

红色的砖墙　　　　　　　　　绿色的爬山虎

黑色的屋顶　　　　　　　　　白发的老爷爷

有的砖头变成了黑砖　　　　　有的孩子离开了

有的砖头掉到了地上　　　　　有的孩子变成了老人

变成了土壤　　　　　　　　　这是他们永远的家

那是它们从前的模样

小小孩"写"微博

除此之外，孩子们都有了自己的微博。我们一直"控制"孩子接触电脑的时间和使用水平，他们最多会用电脑上的英语学习软件，或者我们找到一些好看的动画片和音乐，可以看 15 分钟左右。儿子上了一年级开始学习拼音输入法，学会了使用微博。那时候女儿还没发现微博可以展现自己，儿子也没怎么发微博。女儿过了五岁，开始了口述日记生涯，我们就告诉她可以写微博。她对哥哥的粉丝数量很是不服气，要跟哥哥比一比，于是就跟我提出要求，她说我写，每天都要发微博。好吧，这不正是我所提倡的从口头表达到文字表达的转化和提高吗？于是，我不仅当女儿的"史官"，还做起了她的秘书，记录她想说的话。

有时候我觉得女儿的话很幼稚，很不顺，但是我也全部按她说的写出来。写完了再读给她听，偶尔她会提出修改意见，果然会更通顺一些。我想一开始以维护她的兴趣和思维习惯为主，不用什么遣词造句、文法语法去约束她。毕竟，直抒胸臆、真情实感比任何文饰都重要。

现在女儿"开辟了"一个系列微博——李一一和爸爸读书记，只要时间来得及就在睡前将我们俩读的书做个记录——我先查好封面图，然后她口述我打字，最后是她来上传图片和笑脸，并按下发布键。

好童书慢慢读

《拉尔夫会讲故事啦》

很多孩子总是说不出故事来，特别是写作文的时候——拉尔夫开始也是这样的小男孩。更让人郁闷的是，老师总是说："故事无处不在！"他的同学也总能"找到"故事。每天上故事课的时候，他都抓耳挠腮地想啊想啊，他盯着作文纸想，盯着天花板想……可还是一个故事也想不出来！

有一天，拉尔夫躺在课桌下面找故事的时候，想起曾经有一条毛毛虫爬到了他的膝盖上……这一次，拉尔夫站到了故事魔毯上，在同学们的帮助下，神奇的事情发生了！拉尔夫发现，原来一只小小的毛毛虫也可以写出一个很棒的故事……现在，拉尔夫已经是一个有很多故事要讲的高手啦！

20 第二十计 🔍 家庭语言学习系统
——小小硬件大帮助

语言启蒙需要什么样的硬件环境？

爸爸妈妈需要怎样提升理念？

孩子对平板电脑上瘾怎么办？

················ **5岁娃英语学习状况** ················

儿子五岁时，我们用来进行阅读的"体验英语"学到第五级了，开始有了明显的输出迹象。最可爱的是他和妹妹一起玩各种家庭游戏时，已经增加了新的情景——就是儿子当英语教师，给妹妹上英语课。于是，在他们搭建在阳台上的"家里"、小时候的婴儿床边，或者卧室大床边的角落里，经常听到儿子跟妹妹说："Look，look，this is a bicycle…"一般情况下，陈述性的句子，妹妹都是若有所思地边听边点头，实际上她听不懂；但凡是个疑问句，妹妹总是瞪着大眼睛，手势也比划着，连声说"No，no"。

有天我正入迷地看球赛，儿子从卧室出来，对我宣布道："这本书我都听得懂啦，后面的题目我听英文就能答出来了。"我一看，是《体验英语少儿阅读文库》第五级中的 *Lollipop，the Old Car*。确实不简单啊，第五级图画书中的句子不少，而且开始出现复杂的长句子了。比如开篇就是一句：All the cars were getting ready for the race to Hilltop Park. 整个故事有 240 个单词呢。

英语启蒙的硬件投入

为了孩子们的英语学习，负责孩子英语启蒙的妈妈做了大量的准备工作，在硬件和软件上都进行了投入。

先说说硬件上的投入。

（1）宽带升级：为了获取更多的学习资源，我们升级了宽带，从以前的小包月升级到大包月，这样每月花很少的钱就可以不限时地上网啦。

（2）电脑升级：家里的笔记本和台式机根本不够用了，500G 的硬盘也已经满了，一台服务器也被征用，但还是架不住学习资源的增加速度。陆陆续续增加了几个合计有 6T 容量的硬盘。

（3）书架升级：英语原版图书大量购入，渐渐超过了中文书的购买额度。为此，又增加了四组宽大的书架来存放增加的原版书和从千张 DVD 中整理出的近百张可以和孩子们一起看的电影，以及超过 100 部的动画片。

女儿 4 岁后，想拥有自己书柜的欲望非常强烈，于是我们又购进了一组六层书柜，上三层归儿子，下三层给女儿，大书柜即刻摆满了。

（4）彩色打印机：妈妈整理了很多图文音像学习资料，有很多是买不到或者不需要购买的书籍，需要自家打印出来，于是就买了台彩色打印机。当然还需要有墨水盒、纸张等耗材。总之，打印机还是很有用的，打印照片、文件、小贴条非常便捷。

（5）平板电脑：孩子拿到平板电脑时，儿子上一年级，女儿也 4 岁多了。平板电脑被我们用来玩游戏、看视频和阅读电子书。很多妈妈问过我，孩子对平板电脑上瘾怎么办？这个问题在我们家真的没有出现过，经常是平板电脑静静地躺在那里，无人问津。

问题不在于孩子，在于我们自身。我个人不反对电子阅读，但我们夫妻俩更喜欢读纸质书，我们自己不会对平板电脑上瘾。孩子是有样学样的家伙，你自己总是泡在平板电脑上，怎么能够去要求孩子远离平板电脑呢？

再说，孩子自己也有很多有意思的事去干，特别是读书、看电影这一类，所以平板电脑未必能抓得住所有的孩子吧。

解决电子设备上瘾的根本在于"一少一多"：爸爸妈妈少用，给孩子提供更多好玩的学习资料。

软环境逐步升级

我们在辅导孩子英语学习的时候，也发现了看原版书、看原版电影的乐趣。我们购买英语书的热情增加，阅读时间增加，这种热情会传递给孩子们。

胡老师也更加潜心地泡在各幼儿教育论坛，看别人家如何进行英语启蒙，然后根据自家情况，讨论研究如何针对儿子和女儿进行英语教育。

孩子们在英语上的些许进步会增加他们自己的信心，使他们更加喜欢学习英语，每天晚上都欢天喜地地选自己的睡前英语书，让胡老师读给他们听。偶尔也会不信任地让我给他们读英语书。实际上我觉得我读得还算可以的，抑扬顿挫，很有感染力。但音准就另当别论了。

都说英语学习对中国人是沉重的负担，不过，如果孩子也乐在这些"学习的枷锁"中，何乐而不为呢？

好绘本慢慢读

《企鹅爸爸爱上网》

生活中，许多父母会因为着迷于网络而忽视对孩子的陪伴，这个温暖、幽默、有爱的故事，是给他们的一个温柔提醒。故事讲述的是在遥远的南极，小企鹅的爸爸迷上了网络，网络世界就像一块大磁铁，牢牢地吸住了企鹅爸爸的注意力。他从早到晚地泡在网上，走到哪儿都抱着他的宝贝电脑。这么"忙碌"的爸爸，自然没时间陪小企鹅玩，这让小企鹅很是郁闷。有一天，企鹅爸爸的网络断了！一下从虚拟世界"跌"回现实，企鹅爸爸急得快要疯掉了！他拿着电脑四处寻找信号，不顾危险在冰上越走越远。突然，冰块裂开了，不愿丢掉电脑的企鹅爸爸在浮冰上越漂越远……这番冒险最终让企鹅爸爸放下了电脑，和家人玩起了滑雪。

故事幽默风趣，温暖有爱，有很强的现实关怀。背景虽然设置在冰天雪地的南极，呈现的却是孩子们最熟悉的日常生活场景。相信翻开书，孩子们就能心领神会地对号入座，并在这种对号入座中获得安慰，释放情绪。

第二十一讲

阅读要分段
——从有趣到有用，再到有益

亲子共读图画书之后该读什么？

怎样引发孩子的阅读兴趣？

亲子阅读到底有哪些功用？

亲子共读是性价比最高的家庭教育方法

"我的孩子7岁了，应该看什么图画书？""图画书之后看什么？有什么书目推荐？"或者是这样的问题："有什么书看了会不胆小？""哪些书看了可以识字？"

这些问题是我在最近几年的阅读推广中经常被爸爸妈妈们问到的。

我有个长短家庭教育方法论，说的是在家庭教育中我们要特别注意"榜样示范"和"亲子共读"这两个"一长一短"的方法。从效果来看，这两个方法都会对孩子的成长产生长期的影响；从父母实施的角度看，榜样示范是我们一直要持续的，而亲子共读是短期的、阶段性的教育方法，一旦我们和孩子一样形成了阅读习惯，就可以更多地去亲子共玩了。

随着亲子阅读作为一种重要的家庭教育方法被重视，不仅妈妈们亲力亲为，爸爸们也越来越多地参与进来。当然，亲子共读的主力军还是妈妈们。2015年有项调查显示，我国92.5%的家庭是妈妈来主导亲子阅读，而70%的孩子喜欢爸爸来读书，可有60%的家庭爸爸根本不参与亲子共读。

这就得考虑考虑了，这是孩子的亲爸不？为何不和孩子一起读书呢？

图画书的阅读是一个人阅读生涯的起步期。图画书是很多父母引领孩子开始阅读的最初读物。如果家长接触图画书的时间较短，特别是对图画书的品牌还不太清楚，不具备鉴别出版社、童书品牌的阅历和能力，这对家长来说就会有一个折磨：到底该如何给孩子推荐图书？

分龄·分类·分阶

我的观点是，童书的选择一定要遵循孩子早期阅读的发展水平。

早期阅读不能违反儿童身心发展的基本规律，家长不能放弃作为家长的榜样示范，也不要拒绝别人好的经验。

儿童的阅读有其规律性。人从出生到长大成人，都是通过眼睛看、耳朵听来获得外部的信息，由此我觉得儿童阅读有着从阅读图多字少的图画书，到图文并重的桥梁书，再到文字为主的章节书，这样一个从初级到高级、从简单到复杂的连续不断的发展过程。其中某个阅读阶段持续的时间或许不同，但这个顺序还是基本科学的。

儿童的思维总是从动作思维发展到形象思维再发展到抽象思维，记忆总是从无意识发展到有意识，从机械记忆发展到意义记忆。所以，我们让孩子看图，让孩子听我们读出的故事，会对孩子的成长大有裨益。

儿童阅读的发展有其阶段性。孩子在不同的年龄段会表现出某些稳定的、共同的典型特点，这就要求我们要根据孩子不同年龄段的特点，分阶段地提供阅读材料，进行不同的阅读指导。这些阅读材料既要有延续性，又要有特殊性。

不能超越孩子的年龄，让他们读这个学那个。

儿童阅读的发展又有其不平衡性。对于同一本书，不同阅读水平的家庭、学校重视程度会有所不同。比如，同样一本《神奇校车》，阅读早的孩子在学前就可能亲子共读过，而有的孩子上了小学才初次接触。

我们最好不要错过孩子阅读的关键期，或者说是敏感期，在这个时期合适的图书会促进孩子的阅读，获得最佳效果。

低龄孩子的适读童书，其中都是他们最熟悉的事物，容易引起共鸣和阅读安全感，情节、句子、段落都有反复，角色各有特点，画面相对变化不大，孩子容易"吸收"和"消化"。这样的书，孩子会要求反复读，我们千万不要性急，总想着要读更多的书给他。孩子的反复阅读就是在建立自己的阅读安全感受，是在充分地享受那本书带给他的愉悦。

有趣书入门，有用书拓展，有益书提升

道理说完了，看看有什么具体方法能指导亲子共读呢？

适合的重要标准就是要有趣。有趣顾名思义就是能够吸引孩子，能够让孩子轻松地接触书、亲近书，进而熟悉亲子阅读的节奏。

我有一个叫作"分龄、分类、分阶"的标准。这三个标准不是单一的垂直划分，而是相互交错、编织在一起。同样年龄的孩子，有的刚开始接触图画书，或者刚刚开始亲子共读，而有的家庭可能已经养成了习惯。一本有趣的书，未必不适合不同的年龄。所以，我提出一个"阅读成熟度"的概念。

分龄比较容易理解和统一，就是按照孩子的年龄来区分，给不同大小的孩子的家长以具体指导。在这个指标里，我们要注意"阅读安全感"的问题。除了给孩子选择合适的、安全的书，比如圆角的书、布书、撕不烂的书、色彩明亮且印刷清晰的书、大字体的书、环保油墨的书，提供的早期阅读材料的内容

也要"安全"——应该是孩子熟悉的事物。我经常把婴幼儿产品的广告单页、DM 当成孩子的早期阅读材料，因为上面的用品都是小宝宝最熟悉的事物，容易引起宝宝的共鸣。

童书会有不同的分类方法，我这里的分类以亲子阅读在培养孩子阅读习惯这一目标中所承担的作用为标准，可分为有趣的书、有用的书和有益的书三类。

有趣的书会让家长在共读中没有困难，可以轻松开始亲子共读。比如，《圆白菜小弟》对于 2 岁多的孩子很有"杀伤力"，孩子可以预测到下一页的情节，可以跟着说"崩咔"，很适合 2 ～ 3 岁刚入门的孩子阅读。如果一个 5 岁的孩子没怎么接触过图画书，《圆白菜小弟》显然不适合他。家长可以和他共读《迟到大王》，或者《我变成一只喷火龙了》，书中的荒诞、幽默势必能引起孩子的阅读兴趣。

有用的书，指的是经过趣味引导后，孩子能够从阅读中得到教育，得到知识，获得审美，从而锻炼孩子的思考力、想象力和表达力的书。

有益的书，这里说的是"有益"的狭义概念，指对孩子的成长大有裨益的关于生命教育、哲学思考的书。

分阶是指按儿童不同的阅读水平划分，或者简化为阅读"年龄"。按我的设想，分阶不仅仅是依据开始亲子阅读（独自阅读）时间的早晚，而且要按照阅读能力的不同而有不同的阶梯（我称之为阅读成熟度）。但这在现实中很难做到，只好按阅读时间的长度来划分不同的阶段：入门（刚开始亲子共读）、一级（阅读开始半年到 1 年，不仅能够坚持亲子共读，还会独自翻阅）、二级（阅读时长累计达到 1 年到 3 年，经常独自翻阅，并可以同家长一起阅读和讨论）、三级（持续阅读 3 年以上，独自阅读为主，亲子共读为辅）、四级（完全独自阅读，养成阅读与讨论、思考的习惯，尝试书写表达）。

现在，童书出版成了出版界的盈利利器。以前是专业的少年儿童出版社和

教育出版社才出童书，现在没有哪个出版社不出童书的。每年有数万种童书出版，即使是专业人员也很难甄别、挑选，阅读时间和购买预算有限的父母们更需要找到合适的书。

结合上面的叙述，我将选书标准概括为"三有四大"，"三有"就是有趣、有用和有益，"四大"是大师、大奖、大卖和大爱，我研究编写了近三百个书单，更详细的内容可以在我的自媒体"一慢二看"（包括微信公众号、博客、微博、今日头条）里找到。我推荐了400本以有趣为基础的有用、有益的图画书，其中有六成是图画书大师的作品，或者是获得大奖的作品。如果你想要参考，可以去看看。

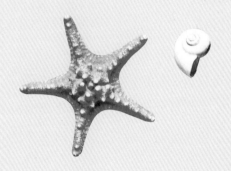

 第二十二计

超大的世界地图
——打开认识世界的一扇窗

如何让孩子有世界的观念?

我是路痴,怎样让孩子不成为路痴?

玩闹中培养幼儿的地理感觉

"路痴"的家长有福了,读了这一章,就不用担心自己的娃也会成为"路痴"了。

有些爸爸妈妈常说孩子没有方向感,经常找不到路。这是因为您就是一"路痴"。"路痴"这毛病,具有强大的遗传性。这不是病,是空间感不足,是地理感觉和判断力的欠缺,有可能会影响到一个人对新环境的接受度、融入度,进而影响到生活和事业。

哦,这么严重?!

人是生活在特定的自然地理条件和人文地理背景中的。地理是孩子感性生活的一部分,他们可以通过地理知识来建立自己的空间感——居住小区的方位、去幼儿园的路线、交通路线等;地理也是孩子与乡土、国家和世界联系的智力纽带,是发展环保教育,从而进行生命教育的基础。从根本上说,教孩子学地

理是为了让他更好地了解我们的生存环境，并学会在利用和改造环境的同时，协调环境与"我"的关系，强化自我意识。

为了不让孩子当个迷糊的"小路痴"，作为家长，我们要在学龄前阶段有意识地教孩子掌握一些地理知识。

◇ 地图先行

地图是地理学习的重要工具，小孩子天生又是个读图家，一开始要让他觉得地图别出心裁、特有意思，特别是地图中有他熟悉和了解的信息——住家、学校、老家、去过的地方等信息点，孩子们都会喜欢。我们家先是把大开本的北京地图挂了出来，这是我们生活的城市；过一段时间又陆续将大开本的中国地图和世界地图都挂上了墙，我们在谈话中、读书看报、看纪录片时经常出现的时空信息都能在地图上找到——看地图成了孩子们很乐意做的事情。

此外，每次带着孩子离开北京，到了目的地，我立马就会购买当地地图，先让孩子将我们在当地的行迹都在地图上进行标注。平常生活中，家长也可以根据孩子喜欢公交车的特点，稍微延伸一下，出行前让孩子先了解一下线路图。这样他会事先神游到地图上的"现场"，到了现场后又会去印证地图上的信息。

现在，大人习惯使用电子地图，孩子们接触地图的机会更少了，不妨有意识地给孩子们提供机会。

◇ 游戏跟上

有意识地选择地理玩具可以让孩子更早接触地理，并能诱发其兴趣。例如，拼图是 2 岁后孩子开发智力的一类玩具，我在孩子 2 岁多时，就给他买了块数较少的中国地图模板拼图；3 岁多买的是按省分块、边界不清晰的木拼图；5 岁时买的是按每个省分块的边界清晰的磁性拼图。对于孩子来说，游戏时什么东西都可以当玩具，同样是球，扔给他一个地球仪也是球，而地球仪不仅是球，还可以经常被用来玩"指国家、猜国名"的游戏。

另外，当送孩子去幼儿园的时候，我们可以把路上出现的积水、缝隙等当作江河湖海，让孩子说出一个江河湖海的名字后再跨过去，在游戏中对孩子进行知识教育。

◇ **家庭课堂**

上了幼儿园的孩子，对老师的崇拜日益增加，会比较喜欢模仿老师。所以，我们家也设置了家庭小课堂，隔三差五地请儿子来上地理课。所教授的内容，除了我们自己觉得有必要跟孩子介绍的基本知识外，更多的是根据孩子的提问而进行的即时讲解。孩子不仅喜欢上课、提问，还喜欢教学，来我家的小朋友都"被他上课"过，小听众们也听得很起劲儿，当然还有他的妹妹，那是他最忠实的学生。

◇ **动手动脚**

鼓励孩子画地图，多带孩子到处走，可以激发他的兴趣，帮助他掌握知识。根据实际情况，爸爸妈妈要多带孩子乘坐不同的交通工具，走不同的线路，包括平日里不常走的专线、郊区线等线路，进一步促进他对线路、走向等概念的了解。地铁是孩子都喜爱的一种公共交通方式，2010年我们去上海游世博，我和儿子一起研究地铁线路，他自此就迷恋上了地铁。后来，我也投其所好，给他提供一些不同城市的地铁线路图。现在他随手一画，就可以把多个城市的地铁线路给画出来了。

这个爱好一直坚持到现在，我们持续地给他提供关于地铁的信息、各地地铁路线图、地铁票卡；北京新开的地铁路线，我们也总要去坐一坐——就是那种坐到终点就回来的"无聊做派"。

◇ 应用为王

要在生活中鼓励孩子对地理知识进行实际应用。例如，除了去外地我们会全家一起研究地图外，在北京去森林公园、游乐场等场所游玩，我们也都会让孩子自己去研读地图和标志，找出合理的出行路线。

在游玩中，要注意地理知识的非特定性讲授。比如我们带孩子去过黄河口，让他感受海天不一色的直观景象，回到家再跟他说黄土高原对于黄河的作用；去汉石桥湿地公园种树、观鸟等，则让孩子更容易了解到湿地的地貌……

◇ 综合学习

在孩子喜欢的阅读活动中，尽量给孩子选择有地理知识的阅读材料。比如，孩子 4 岁多时，我们就买了一整套的《威利的世界》；6 岁时开始了《希利尔讲世界地理》的阅读。

同时，我们也会找一些有地理概念的图画书来共读，如《环游世界做苹果派》《班班的梦》《北纬 36 度线》等。在英语启蒙学习中，我们也会选择一些带有地理知识的读物来学习。我家甚至连续订阅了《地图》等期刊。

我们还会去中国地图出版社和星球出版社的门市部去看各种各样的地图和地球仪，每次去都允许孩子买一种地图。

总之，我们可以通过各种综合学习的方法有意识地促进孩子对地理知识的学习和掌握。爸爸妈妈们赶紧给孩子买一大张本地地图、中国地图和世界地图，别管家里装潢如何，找个地方给挂起来吧。还有，地球仪和立体的地形图也各来一个吧。我还曾想申请个卷帘地图专利呢，结果一查资料早就生产出来了。

◇ 从居住城市开始

胸怀祖国、放眼世界，这得从自己所居住的城市开始。只有熟悉了自己居住的城市，才会对这个城市有亲近感、认同感，有家乡的概念。父母要多带孩

子从自己的小区出发，逐步走遍自己的城市。

游戏让地理知识落地

在家里的中国地图上，家长可以和孩子一起找去过的城市，然后标出来，还可以一个一个介绍这些城市。大人出差也可以给孩子写明信片，最好是当地风光的明信片，并且写上对当地人文地理等方面的感受，让孩子有更直观的了解。

地球仪也被我们拿来做游戏。用手转动，闭上眼睛，手指落在某个区域时，另一人要说出这个区域的一些特征，闭着眼睛的人要凭借这些信息进行猜测。

开始玩这个游戏时，儿子快6岁了，女儿还不到4岁，她的有限知识是中国以及她觉得有趣的日本，还有好大好大面积的太平洋，因此轮到她时，她总是眯缝着眼睛，偷偷指到上述几个地方。儿子和我也不跟她较真，会想着用什么样的描述让她猜。这个游戏让他们慢慢熟悉了各个大洲、大洋，还有几个面积较大的国家，然后儿子的兴趣转移到了一些特殊的国家上，比如会问最小的国家，第二小的国家，亚洲最小的国家，欧洲最小的国家等。

此外，还有"猜国名"的游戏，我们在汽车上会经常玩。由一个人开始述说和某个国家相关的描述，其他人争取在最少的描述后就能准确地猜出该国家的名字。这个游戏可以巩固在其他阅读和谈论中知晓的相关知识，通过复述的方式加强记忆。也因为是游戏，孩子们参与度很高，也会主动去寻找自己知道和喜欢的国家的知识点。

儿子大班的时候，我买了一幅超大的世界地图，展开来近2米长，孩子们经常在地图上环游世界：踏上地图，看看脚丫子落在哪个国家，从北京出发看看到南极、到伦敦要经过哪些国家……

第三个是地图拼图游戏。地图拼图最近几年也被更多的家长买来用作早教玩具。我建议可以分段提供。在孩子 3 岁前后，对拼图大有兴趣的时候，我们可以选块数较少的木制地图，孩子很容易完成，容易满足并树立信心。

如前所说，我给孩子买的分省的木质拼图和分省的磁力贴拼图，他们一直玩到现在，我们贴在冰箱上，儿子得空就过去拼一拼。

之前，我和儿子在共同阅读一本《历代政区变化地图集》，他对北京、江苏、山东、湖南、上海等几个相关和喜欢区域的政区变化很有兴趣。这本书后来还跟着儿子一起上了 CCTV——在接受中央电视台采访的时候，儿子介绍这本书是他的最爱！

我们出行的路线也委托儿子来查阅。错几次路没关系，孩子总是越练越精，越用越纯熟。

行动起来，让"路痴"远离孩子们。

 好绘本慢慢读

《我的地图书》

《我的地图书》将地图的概念扩大延伸，融入孩子的生活经验，用鲜艳丰富的色彩和近似幼童涂鸦的质朴笔触，画出12幅小主角心中分量最重的地图：亲爱的"家族地图"、加入狗儿情绪的"狗儿地图"、趣味十足的"肚子地图"，以及最贴心的"我的心地图"等。这些各式各样的地图，呈现出孩子独特的观察角度与视野，以及他们内心丰富的情感和缤纷的想象，也留住了许多美好的回忆。

城市建设中的大浪费
——观察促进思考

城市行走中，我们还能看到什么？

怎样引导孩子关注社会问题？

观察、思考、讨论成就孩子的小论文

孩子打小就会背诵"谁知盘中餐，粒粒皆辛苦"。现在舆论倡导"光盘"、节约能源，可是孩子们看到的是被众人引以为傲的城市亮化工程、被商人们"算计"的户外 LED……孩子们也在观察着我们生活的城市，接收城市传来的讯息。

被浪费的桥

姥姥家小区旁边是一片城中村，除了最早的一排排村民的平房外，后来陆续搭建了很多临时房屋，或者在平房上加盖高楼。我们经常去"探险"，总能发现有趣的事情。比如，在河边住着的流浪汉喜欢跟路过的人打招呼，而且用英语跟儿子说了好几句话。隔了大半个月，他们不见了，只剩下乱七八糟的窝棚，以后也没有见到他们，我们还担心了好几天。

有一次，我们穿过村子来到"界河"边——对面就是高档的小区，赫然发现有一处断桥架在河上。我们从旁边钢筋裸露的断面爬上桥，桥面、人行道、盲道、栏杆都安装完毕，只是两头空空。我给他们介绍过，儿子脱口而出：“这太浪费了！跟那些没用的站牌一样浪费。”

我听了一惊，难道儿子已经对资源浪费有了横向比较和联系的能力？于是我们就讨论起来，还有什么浪费的地方。儿子说，有个大大的信息亭，没有人用，都生锈了，还有好多人在里面大小便。女儿也抢着说，吃饭不吃完就是浪费。西直门地铁的扶梯建好了不用是不是浪费啊？北京的人行天桥又长又宽，都能开汽车了是不是浪费啊？冬天商场里空调太热了是不是浪费电？

我请他们仔细地把为什么浪费都说了一遍，不得不佩服孩子们的观察力和思考力。

没有记录就没有发生

我们总结了好几种浪费的现象后，儿子张罗着去拍了一些照片。过了些日子，我们在大街上溜达的时候，那个信息亭没有了。儿子说，看样子有人也发现了这种浪费，是不是拉走给卖了？能卖多少钱呢？——真是钻进了钱眼里。

我感叹的是，这样的浪费终于有“有关部门”看不下去了，就是拉走当废铜烂铁回收，也比站在人行道上浪费空间、滋生垃圾好。

问题是，这样的定点清除能让有关部门、有关人员不再有浪费行为吗？这样无影无踪、无声无息地消失了，能否起到警示作用呢？

所以，我把这些感想跟两个孩子都说了说。女儿说，我们拍了照片。是啊，拍了照片只是证明这样的浪费存在过，不过也真是，没有记录有时候就如同没有发生过。我们一起来做一个观察记录吧。

好绘本慢慢读

《怕浪费婆婆》

"怕浪费婆婆"这样的名字就告诉了我们，她一定是位特别爱惜东西、注意节俭的老人。她有好多奇怪的方法用来对付小孩子的浪费行为，比如要是被她发现有没吃完的饭菜，老人家就会"舔一舔"……

书中反复出现的"太浪费了"要是能变成一句"紧箍咒"就好了，轻轻一念叨，各种浪费行为就不见了。

第二十四讲

小小"读行侠"
——旅行、学习、生活

游学一定要出国、出境吗？

怎样才能"游中学"？

有哪些游学路线推荐？

········· 一家人去旅行 ·········

我单身的时候就很喜欢旅行，有时候甚至会在喜欢的城市居住一年以上。后来在北京结婚、生子，一个人的旅行变成了全家旅行。现在，我们一家四口经常到处溜达，这成了我们的一种生活方式。

儿子的周岁生日是在青岛过的，连"抓周"都是在饭店房间里进行的。第二天我们跑到海边瞎晃荡，海风很大，沙滩很软，空气中有海鲜的味道。儿子步履蹒跚，咯咯地乐，脸上的笑容如花般绽放，突然一个前扑，直挺挺地砸下去，啃了一嘴的沙子……这情景牢牢地印刻在我脑海里，成为我心中记录儿子成长的图画书中欢乐四溢的一个跨页。

和多数家庭一样，我们每天忙于各种事务，工作日的时间好像总是不够用，周末还要带孩子们上兴趣班。我也总是有公益活动要策划、组织、实施。我们能自由安排的时间实在有限，哪里还有时间拖儿带女去旅行呢？

关于爸爸妈妈的时间问题，我在面向家长的讲座最后总会说这样两句话：

"我们没有，就无法给予。希望孩子读书，自己先开始读吧。"

"我们人人都有的是时间，只是育儿和轻松生活没排进日程。"

"读万卷书，行万里路。"这句众所周知的古训，早已向我们建议了读书和旅行的生活方式，只是现在人们把很多时间用来追求"比生活更重要"的地位、名气、金钱和物质了。我还年轻的时候有一首流行歌曲这样唱道："我想去桂林啊，我想去桂林，可是有时间的时候我却没有钱。我想去桂林啊，我想去桂林，可是有钱的时候我却没时间。"我看还可以接上一句："等我有钱又有时间的时候，我却走不动了……"经常听到有人说出"我有钱（时间）就带孩子去旅行"这样的话，但最后真的兑现的少之又少。

所以，有了带孩子去旅行的冲动时，就立马出发吧。

一家人的旅行是生活，更是幸福。

旅行的幸福就是旅行本身：你和你的家人在路上。

游学从国内开始——小小"读行侠"

我向来认为阅读是伴随孩子终生的生活习惯，阅读从属于生活。但是在早期，亲子共读是家庭学习的重要手段。家长从亲子共读开始，逐步引入亲子共玩（或者亲子共玩早于亲子共读）、亲子游学等方法，以形成和建立适合各自家庭的教育环境。游学本是古来有之、历史悠久的教育形式。人们在读书之余，必然伴随求知的其他方式，即体验、思考、互动。其中的遍游各地、亲见亲历，或者带着问题上路，体验和思考、找寻答案的学习方式，我称之为"游学"。

目前的游学市场多是以开眼界为主的出国游学以及针对顶尖大学的"朝圣之旅"，给孩子生活体验、观察和思考的游学较少，为学前和学龄初期的孩子提供的游学更是少之又少。而且，游学也有变味的趋势。寒暑假，一些旅行社争相以"游学"的名义搞纯商业化运作的出国旅游，更有某些夏令营，带着孩子去国外走马观花，违背了游学的初衷。而孩子之间童稚的"炫耀"，到了家长那里会变成跟风和攀比，这样的游学实在是舍本逐末。

游学不外乎在游中学、在学中游，何必都远游？增长见识也并不是只有"远游"这一种途径。博物馆、科技馆、图书馆、植物园等，也有把远方的世界微缩到眼前的作用。

现在爱好旅游的家庭越来越多，会旅游的爸爸妈妈不少，新鲜有趣的亲子旅行层出不穷。但我发现很多是父母因平日对子女陪伴较少而进行的"补偿性"旅游，或者是简单参团、没有周密思考、没有学习目标的说走就走的"自由行"，更多的是到了寒暑假例行公事的"应付式"旅游。

我家阅读习惯的培养小有成效，同时我也很注重带着孩子到处游学，我们自称为"读行侠"，"游中学，学中游"的阅读、博览、游历、体验，让孩子们有一个崭新的亲子交互提升的成长过程。而且，我家的"读行侠"既然被当作项目了，那就要立足长远，根据俩娃的身心发展规律，设立符合儿童成长阶段的进阶式游学项目。所有的游学项目都有特定的主题，同一个主题下的课程会有进阶的安排，以满足孩子的发展需要。

游学主题中兼顾感受自然、培养审美、提高情商、动手实操和学科体验，涉及人文、科学和审美三大方向。

游学目的地可以按距离远近做些区分，并精心设计相应路线。以我家所在的首都北京举例，第一环包括北京及周边（天津、河北、辽宁、山西、山东等），大概要用 1 天到 1 天半的周末时间；第二环为国内其他省份，可以利用好 3 天的小长假；第三环为国外以及中国台湾、香港、澳门地区，需要好好规划寒暑假和春节、国庆这两大假期。当然，有些有特定主题、需要时间较长的路线另当别论。

我曾经买过一套辽宁教育出版社出版的 24 册的"地域文化丛书"，这套书大致梳理了各地域文化之精要，可以用来作为参考指导，带领孩子一起去寻找文化遗迹、文化象征。

游学中会有潜在的课题安排。清人张潮在《幽梦影》中就有类似的说法，他在第一百四十二条写道："善读书者，无之而非书，山水亦书也，棋酒亦书也，花月亦书也；善游山水者，无之而非山水，书史亦山水也，诗酒亦山水也，花月亦山水也。"第九十六条写道："文章是案头之山水，山水是地上之文章。"游学中有着各种各样的精彩"学业"，但未必都要让孩子知道，以免增加他们的压力。游学的课题是可以根据孩子的年龄和阅历、知识面等有所区分的。比如黄河万里行就被我分散在多次的旅行中。第一站是黄河入海口，儿子 5 岁的时候，我们去东营讲故事（儿子也是故事的表演者之一），观看了胜利油田到处都有的被称为"磕头机"的采油机，去了黄河入海口的湿地。第二次去的时候深入油田，考察了从原油到成品油的整个过程。在济南、开封，我们也感受了黄河大桥的壮丽，以及黄河河道的不同。在儿子上小学期间，我们还会去壶口瀑布、三门峡和青海领略黄河的不同风采。

再举一个例子。恐龙是孩子们喜欢的动物，在 3 岁左右，孩子们对其兴趣最盛，然后慢慢淡忘，到了小学后，随着自主阅读能力的提高，以及和同学们"知识交换"的需要等原因，这个兴趣又会"复兴"。虽然说，恐龙这种已灭绝的动物对孩子们将来的影响不大，但是对恐龙的兴趣或许会激发孩子对天文、地质、生物起源等其他方面的学习兴趣，将来在看到《侏罗纪公园》这样的大片时，也会有独特的认识和回忆。

当儿子对恐龙表现出好感和爱意后，按照"立体阅读维护阅读兴趣"的原则，我们选了恐龙主题的图画书、桥梁书、科普书等数十本童书让他阅读，从不间断，但也不是集中供应。北京的几个相关的博物馆，我们都去参观过，古动物馆、自然博物馆、天文馆、地质博物馆等都有与恐龙相关的内容展示，隔三差

五在景山公园举办的恐龙展我们也常去。常州的中华恐龙园、自贡的恐龙博物馆和云南的禄丰侏罗纪遗址恐龙公园也陆陆续续地探访了。

游学实例：古都之古，文字之始——安阳殷墟

2013 年寒假，我们去嵩山爬山的归途中特意去了安阳，探访我国最早的古都遗址——殷墟。

殷墟在河南最北部的安阳市，在那里出土的甲骨文震惊了世界。甲骨文是中国最早的文字，正因如此，国家级的中国文字博物馆也设立在安阳。还有那尊后母戊大方鼎，这些都是在孩子的文史知识学习中需要了解和积累的内容。如果能亲临现场，相信会引发孩子的极大兴趣，这就是这次游学的初衷。孩子们听说能去探究最大青铜器的发现现场，能到地下的博物馆去"考古"，很是向往。

殷墟博物馆在安阳北郊，循着路标很容易来到这处世界文化遗产景区。那里看起来貌不惊人，不过还是比我们后来去的王陵要气派一些。这次的游学有四个孩子同行。孩子多了就是不一样，一丁点儿的小主意碰撞碰撞都能擦出火花——有人要"研究"甲骨文，立马四个全上；有人要"挖洞考古"，四个人就全蹲下去；有人要骑马，四个人就奔着石马而去；有人说跳骑马舞，孩子们就舞之蹈之。

殷墟博物馆是在地下，往地下钻，本就容易激发孩子们的兴趣，听说要去地下探宝，大伙儿便鱼贯而下，然后惊叹于——不是青铜器，不是甲骨文，而是墓葬现场！他们仔细研究了墓葬里的各种尸骨，观察他们的分布，分析他们的死因。孩子们对于文字的、语言的、影像的骷髅幽灵心存胆怯，但看到"真迹"时却毫不畏惧。他们对每一处墓葬都兴趣盎然，仔细观看骨骸尺寸，判断大小，询问和讨论零散骨头的来源。在史上第一位女将军妇好的墓里，孩子们观摩良

久。女儿绕到对面，发现其他孩子站立位置的正下方也有人骨，小声惊呼起来。其他孩子立马跑过来，又是一番议论纷纷。

孩子们提出的各种问题，有些是我们知道的，就直接回答了，有些我们都不知道，就赶紧拉着孩子听解说，或者看说明牌。

博物馆里的指示牌有些是用甲骨文书写的，比如十二生肖、百家姓等，也会吸引孩子们研究一番。

中国文字博物馆很值得细细游览，从木石印刻到信息技术，从仓颉到王选，用五大展厅向孩子们展示了中国文字的历史。

博物馆里有不少孩子们喜爱的设计和展示，"甲骨文拼图"就玩了好半天，猜字谜也挺有趣，就是觉得量少，几个孩子分不过来。

只是，我们在文字博物馆的时间安排过于紧张，中间的展览没有看完，很是遗憾，只得留待以后再去。

这次的游学计划是我和儿子一同商议的，因为我有个"八大古都游学"计划（按建都先后分别为：安阳—郑州—西安—洛阳—南京—开封—杭州—北京）。儿子最近对历史的兴趣渐浓，于是我们就从几个目的地中选了安阳殷墟。家里的《中国历史地图集》和《话说中国》都起了大作用，百度搜索也不可或缺，特别是用百度地图查询驾车路线最为方便。我们一般会请孩子们在家庭会议上介绍计划，查询驾车路线后画出路线图。这样从一开始就能增加孩子们的兴趣。本来担心像殷墟这样的人文景观，孩子的关注度不高，但就殷墟游学过程来看，孩子们是有自己的兴趣点的。我们要给孩子减压，别给孩子"学"的负担。这样，在制订计划和实现计划的过程中，旅行不仅仅用来享受，也用来收获感受；既有阅读的考验，更有人生的体验，有时候还带有生活的磨练；更难得的是，通过游学，可以充分感受人与自然和睦共处的无尽乐趣，为家庭创造更多难忘的共同记忆。

这次游学回来后我们又有了扩展动作，因为殷墟博物馆的后母戊大方鼎是复制品，真品藏在国家博物馆，我们就去了国家博物馆。虽然以前看过国博四楼的后母戊鼎，但这次有了发掘现场的体验，再去看就又不一样了。

家里的相关书籍，比如《国宝的故事》《讲给孩子的中国历史》《创世在东方》这样的书很受欢迎。特别是《国宝的故事（先秦卷）》成了彼时的每日必读书。我和儿子还去了商周燕都遗址、首都博物馆、国家博物馆，对青铜器时期的相关知识有了进一步了解，而且更加兴趣盎然。短短一个月内，我们陆续流连于殷墟博物馆、中国文字博物馆、商周燕都遗址、首都博物馆、国家博物馆等，这就叫趁热打铁。

儿子的新愿望是成为天文考古学家，女儿也表示要考北大考古系——因为她发现各处的考古工作都有北大考古学生的参与。

行走中成长，旅行养人格

我们带孩子爬高山、走沙漠、过草地、漫步油菜花间，其实是为了让他们感受大自然的真切。他们不走平整的游道，而走砂石、乱土、石头缝的行为，既能解放孩子天性，又能让他们体味自己所选"道路"的艰辛，以及"战胜"艰辛后的快乐。希望这样的经历会让他们更吃苦耐劳、更健康。最近几次爬山，我下山时小腿肚子打颤，恨不得倒着走、爬着走，孩子们却依旧活蹦乱跳，在台阶边滑行，在树林中穿行。

在旅行途中，各种经历、观察，以及力所能及制定路线图、购票、结账、购物的各种分工，都可以让孩子们学习成人的待人处事之道，学习人与人之间建立关联的沟通之道。看到不同种族的人，学着包容与理解；偶遇毛毛虫、蝾螈、松鼠、老鹰等各种生物，学着敬畏大自然。在一个行走的课堂中，不用我们再多说教，真实的体验会给他们带来深深的影响以及能力的锻炼。

类似的实践和计划还有不少，且待我们一一实现。有些特别有趣好玩的内容，我会拉着孩子一起做计划，增加游中有学的乐趣，有些计划是我有意安排进去的，特别是一些人文内容。

　　儿子有张大大的中国地图，就挂在厨房的墙壁上，上面用透明即时贴标出了去过的地方，每个地方都是满满的回忆，都有孩子们自己的故事。这些故事会在今后的学习中与他们重逢，也为以后的生活打下底色。8 岁的儿子已经走过 80 个城市，他有时会问起："我们什么时候去国外的城市啊？"我们是想等孩子积累了足够的独自远行的经验后，再安排他们出国游。从时间节点来看，等儿子成为中学生时就可以实践了。2017 年的暑假是第一次的一家四口境外游，目标——"高棉，神秘的微笑"，文化、地理、便利性、气候（亚热带）、语言等因素是选择那里的原因。之后，会一路向西，中东、东欧、西欧、非洲、美洲……他们会渐渐成长，更多的地方是需要他们自己游历的，真期待这一天的早日来临。

第三章 | 玩——共同的记忆

对孩子而言，玩就是生活，就是工作，也是学习，会被孩子发自内心地接受，身心轻松地执行，余味无穷地感受，然后期盼下一次。

　　在玩中，男孩的力量、女孩的灵动都可以轻松地释放开来。他们尝试、坚持，然后转化成习惯，不仅自主自立能力、创造力、执行力得到锻炼，而且会成为有趣的人，会生活的人。

　　孩子小的时候，我们带着他们玩这个玩那个，慢慢地，他们开始有自己的玩法。再然后，他们愿意带着我们一起玩，那就是我们的造化了。

　　亲子共玩是除了亲子共读之外可以创造出来的，由爸爸妈妈带领孩子一起动手动脑动脚的奇思怪想和体验。

　　如果你想和孩子一起玩，只是不知道要玩什么好，那就抓紧看这一篇吧。

25
第二十五计

小小咖啡师
——尝尝不同的滋味

幼儿能喝茶、喝咖啡吗？

儿童适合喝什么茶？

哪来的闲情逸致去喝下午茶？

喝着咖啡看童书

也不知从什么时候开始，喝着咖啡看书成了我感到很惬意的事情，一直到现在我成了买书、藏书、编书、写书的人。虽然还没有实现每天窝在咖啡馆看书的梦想，但是这两个兴趣倒是一直还在坚持。

我与咖啡的相遇是十多年前的事，之前爱喝的是当时刚刚开始流行的芬达苹果汽水，再往前就是家乡的山楂果酒，还有老爸的茶。

现在很多人都在问，我的孩子爱喝可乐怎么办？瓶装饮料很多添加剂怎么办？很多家长在提倡只喝白开水，喝水当然健康，但是不是缺少点味道和色彩，少了点感觉和感情呢？

家中的下午茶时光

自从我负责孩子的饮食以来，每天接完孩子回家后，都会给他们安排下午茶。除了新鲜果汁外，还会根据季节的不同，喝不同的"茶水"。春天喝绿茶，夏天喝果茶，秋天喝铁观音、菊花茶，冬天喝红茶。我还给孩子们做过现煮的奶茶，可儿子给我出了个难题，要求喝"埃及奶茶"——他是从书中看到的。天冷了我们就喝热巧克力，雾霾天喝金银花茶，还有自家煮的冰糖雪梨。当然，还少不了卡布奇诺。

现在妹妹也会用简易的工具来打奶泡了，虽然我还没怎么鼓励她喝咖啡，但她俨然已经知道奶泡的粗细、牛奶的多少对咖啡味道和口感的影响了。还有儿子点名要喝的"埃及奶茶"，再配上我们自己做的糕点，或者是他们在超市里买的不含添加剂的零食（我们允许他们每次可以买一样自己喜欢的零食）。

如果将来孩子们能在繁忙的学业和工作中，还能记得小时候的时光，甜蜜回忆之余起身给自己张罗下午茶，那么他们的生活会更美好。

好绘本慢慢读

《老虎来喝下午茶》

有个小女孩叫索菲。

有一天，她正和妈妈在厨房里喝下午茶。

突然，门铃响了。

妈妈说："会是谁呢？"

……

源自生活的生动故事，充满想象力，充满童趣——索菲开门一看，原来是只毛茸茸的花斑大老虎！它好饿好渴，好想和大家一起喝下午茶……

第二十六计　亲子烹饪不在形式在参与
——美味来自双手

多大的孩子能做烘焙？

孩子总是捣乱怎么办？

哪些西点适合带着孩子一起做？

亲子烘焙是做出孩子喜欢的形状的点心吗？有这个意思。是做出孩子喜欢的口味吗？也对啊。但我觉得并不尽然。

亲子烘焙更重要的是让孩子知道怎么做自己想吃的点心……说得直白一点，就是让孩子真正参与进来，真正学会做自己想做的面点。

唯有耐心最难得

亲子烘焙很难吗？真的不难，很多事被我们家长人为地想得难了。

现在的烘焙在工艺上简化了许多，很多难点都已经被消灭了，比如和面，如果不是"玩心"重的话，有发面机代劳，哪里轮得到我们的双手用力啊？

我们之前玩过米和面，先从面点的面上下功夫。从筛面到和面的整个流程都可以让孩子参加，大人要的是耐心。先想一想孩子能学会做面点的话，将来

160

能少吃多少不安全食品啊；再想一想，孩子学会做面点，为人父母的我们就可以有更多时间休息啦；再想一想，孩子将来上得厅堂下得厨房，那是多么让人愉悦啊。

我们让孩子参与制作的面点从马芬开始，还有各类饼干，甚至是芝士蛋糕，因为芝士蛋糕是我们全家人都喜爱的糕点！

孩子们也有拿手菜

有些东西我以为不会遗传，比如爱吃土豆丝这事。我很喜欢各种土豆做的菜，炒土豆丝也是我过去少有的会做的菜品之一——原料简单，易于保存，处理容易，烹制迅速，花样多变，酸甜苦辣都行，实在不行了，还可以弄成稀巴烂的土豆泥。

在做全职育爸前，我也没有在家里做过饭菜给孩子们吃，没想到炒土豆丝成了儿子第一挂念和欣赏的老爸菜，也成了他第一道学会做的菜。

是的，让孩子学会做几个拿手菜，让他们在厨房里除了玩水、玩米、面、玩洗涮之后，有更重要、实用的玩法。

和儿子的炒土豆丝相比，妹妹的第一次尝试是炒圆白菜，别说这款菜色香味如何，此后原本不怎么爱吃叶菜的女儿喜欢上了白菜、生菜、圆白菜，是不是与之相关呢？因为她做过"炝炒白菜"，她骄傲！

孩子们吃西餐也是一个逐步的过程。我们可以从他们喜欢的比萨饼开始做起，还有土豆泥、意大利肉酱面、沙拉、烤鸡翅，现在这几样孩子们都可以和我们一起动手来做。

好童书慢慢读

《面包师爸爸》

"我的爸爸了不起"中向孩子们展示了面包师、消防员、木工和电车司机的职业特点，比如：面包师为了让大家的早餐桌上有美味的面包需要"爸爸半夜就开始工作"；面包师爸爸念叨着"面包是有生命的"，是在告诉我们要敬畏和喜爱自己的职业。可是，面包师爸爸好像一开始不是这个职业，因为他旅行的时候，在酒店的早餐中吃到了刚出炉的新鲜面包，那面包的香味让他久久难忘。于是，爸爸决定"开一家面包店"。这无疑是在告诉我们，能把这"久久难忘的美味"传递给更多的人，选择自己喜欢的事，当成自己的职业，是人生中幸福的事情。

四季中餐菜谱
——为了孩子将来不仅仅会泡面

不吃青菜怎么办？

家里还需要菜谱？

孩子多大可以学做菜？

有爱好做饭做菜的家长吗？在我们身边还是当吃货的多，动手做的少，喜欢收拾残局、刷锅刷碗的更少吧？如果再这么发展下去，估计我们的孩子自己只会泡面，要吃饭菜都得下馆子、点外卖或者雇厨师。

厨艺从吃开始

孩子来到世上就是从吃开始的，那时候爸爸妈妈们很关注他们吃的质量，爸爸们更是乐得轻松，鼓励孩子妈母乳喂养的时间越长越好，然而不是进厨房做一些下奶的美味佳肴，而是花大价钱定来月子餐。如果读者家里是儿子的话，会些厨艺绝对比会谈钢琴更惹姑娘爱。以后，抓住女生的胃，就抓住了她的心。

不过，话说回来，我家儿子是钢琴也弹，厨艺也练。怎么练？从吃开始。

自从我成了全职育爸，占领了被胡老师"把控"的厨房后，就动了点小心思。

值得聊的有三件事。第一件事是为自己做饭菜定规矩。定了规矩就特别有方向，买什么，做什么，怎么做，怎么吃，有什么好处，很清楚。我觉得这个方法特适合双职工的家庭，因为既要带孩子又要上班，时间有限，总是为吃什么、买什么发愁，最后变成应付，总是那几样熟悉的家常菜，孩子得不到更多、更合适的营养补充，而且吃起来没味，自己做起来也索然无味。

有人问我到底在餐饮上面定了什么规矩，很简单，一个公式：

五菜 + 五彩 = 饮食均衡 + 健康成长

五菜说的是正餐要有四菜一汤。我们不学某些打着四菜一汤名义的暗箱操作，而是实实在在地为孩子做好营养菜肴。

均衡饮食要做好荤素搭配。我们先来说说素菜。素菜以蔬菜为主，这其中要有绿叶菜。虽都是蔬菜，绿叶菜和其他的蔬菜还是有着明显区别的。绿叶菜就是衬托红花的那些绿叶，不是菜花、土豆和西红柿。为什么要吃绿叶菜就不用我啰唆了吧？只是跟大家强调一下，每餐都给孩子吃这样的蔬菜，不要说有了黄瓜，再有一盘茄子就算有了蔬菜。

第二种要有根茎菜、种子菜。毛豆就是典型的种子菜，芹菜是茎菜，藕是根菜。

荤菜有两类就行，白肉和红肉。

五色是从另外一个角度来看我们的食物。按色彩，天然食材可以分为黑、白、红、黄、绿五大类。不同颜色可能是动植物的不同种类，也可能是不同部位，或者是不同的成长阶段。颜色不同，其营养成分就不同。黑色食物中有乌鸡、甲鱼这样的动物，也有黑芝麻、黑米、黑豆这样的植物，此类食物维生素和微量元素含量较多，富含优质动植物蛋白。白色食物指的是米面以及其他杂粮，含有丰富的蛋白质。红色食物中的肉类富含优质蛋白质和微量元素，脂肪也较多，有鱼肉、鸡肉、牛肉、羊肉、猪肉等。黄色食物包括各种豆类，富含植物蛋白质，高蛋白、低脂肪，其中豆腐、豆芽最容易消化吸收。绿色食物主要是各种新鲜蔬菜和水果，为人体提供所需的维生素、膳食纤维和矿物质等营养，其中以深绿色的叶菜为最佳。

五彩缤纷的餐桌不仅向孩子们传递着传统美食评价标准的"色香味"之"色"，更体现各具特色的营养和健康呵护。

听说《黄帝内经》里提到过人要吃五色、五味、五香的食物才会健康，看来我的遐想和实践一不小心还站在巨人的肩膀上了。

别怕孩子添乱

我给孩子们做饭菜以后，深切体会到能经常给家人做鱼的妈妈们有多伟大，因为鱼是特别费劲的菜肴。很多人怕麻烦就减少做鱼，而儿童的成长特别需要鱼肉提供的 DHA。鱼肉含有较多的优质蛋白质，氨基酸的含量及其相互间的比值都和人体相近，尤其是与儿童需要的值相近。其中含有的钙、磷元素也有助于儿童的骨骼生长和大脑发育。

所以，我家菜谱上的鱼肴比较多，每周最少让孩子们吃一两次——尽量购买海鱼，少吃河鱼，不仅仅是因为河鱼有土腥味，河水养殖的鱼所受污染相比较而言重于海鱼。而且，作为一个海边长大的孩子，我向来认为海鱼比河鱼美味。

这算不算一种偏见？

有"君住长江头"的爸爸吗？有"洪湖水浪打浪"的妈妈吗？如果有，就请忽略这一段吧，大家都知道您那是鱼米之乡。

爱吃鱼的孩子，我们要教会他们吃鱼，最主要的是要有比吃热豆腐还不急的耐心。有孩子不爱吃鱼吗？还真有，那您自己吃鱼吗？您都不吃，也不做，那孩子怎么会吃呢？

我家老大不吃辣，我家老二辣不怕，为什么差距这么大呢？带老大那会，老人主厨，一方面自己不吃辣，另一方面这菜还没入口呢，叮嘱就到了："这

菜辣啊。"这"辣"不受待见的认知就植入了老大的脑海。

其实我们夫妻俩都超爱湘鄂川菜，搞得那段时间我们经常购买辣味小吃，在家庭电影日时大吃特吃。

不吃蔬菜？

有一本图画书《吃掉你的豌豆》，书中的妈妈为了让女儿吃豌豆，费尽口舌。而女儿只提了一个条件——妈妈把圆白菜吃掉，我就把豌豆吃掉！

很显然，妈妈不爱吃圆白菜。

我有方法。

我特别喜欢做手撕圆白菜，这里值得注意的是此"手"非我手，而是孩子们的手，请孩子们来撕菜。这不仅仅让他们增添了"我也做菜了"的自豪感，更重要的是，这也成了一个很好的心理暗示——"这是我做的菜，我要吃掉它"，而且"要抢着吃掉它"！

这些事情，3 岁以后的孩子都可以让他们参与，但别老让孩子帮着剥大蒜——不小心弄辣了眼睛，产生抵触情绪就不妙了。一切蔬菜的清洗工作都可以交代给他们——唯一要考虑的是你要绝对忽视那四溅的水花；有些去皮工作可以交给他们，当然最好不要用刀，可以用筷子刮土豆皮、用削皮器刮黄瓜皮。使用工具是人和动物的重大区别，早点让孩子"成人"吧，当然，这同样要忍受那些薄薄的、小小的皮被"贴"在地上、墙上、橱柜上……总之，千万别说"出去出去，别给我添乱了！"要知道，让孩子亲近厨房，就是在保护孩子将来的胃！与其将来千叮咛万嘱咐"要吃好，要吃得有营养，少到外面吃"，不如现在就培养孩子的手！

好绘本慢慢读

《哦，不！》

聪明的鳕鱼是想用"移情"大法，让餐桌前六岁半的孩子产生不美妙的审美体验，从而避免被吃掉，只是孩子们不为所动。或许，在塞巴斯蒂安的抽象认知中，鳕鱼就是美味食物；或者如同我儿子的观点："学校里给我们吃鳕鱼是因为鳕鱼没有刺，小屁孩吃起来很安全。"

美味和安全，当然更能抓住孩子的胃和心。

找到一个好朋友
——青梅竹马和世交

怎样让孩子不孤单？

哪里找到好同伴？

········· 孩子需要多样化同伴 ·········

幸好我们生了两个娃，当代家庭中普遍存在的童年无伙伴的问题解决了一部分，这也是很多爸爸妈妈愿意生老二从而"不让孩子孤单"的一个念想。

国家政策已经调整，"只生一个"虽已不是政策号召，却已成为不少年轻夫妻的选择，单子家庭还会大量存在，我们就得去想如何为孩子找到小伙伴。有了或大或小、或强或弱的同伴交往，孩子才有一个完整的童年。

孩子上了幼儿园以后才会出现"同学""好朋友"的说法。同学是个硬性指标，好朋友却要经历孩子的标准考核。而这个标准是那么简单、那么充满童趣。直到上了小学，才会出现真正社交意义上的"朋友"——因为小学的班级已经成了小小社会，能经过考验被称为朋友，必定有着他自己的"考验"方式。

邻家姐姐、邻家哥哥成了一个描述某人友善可爱、容易交往的形容词，也表明了人们的怀念和向往。

现在的邻里关系，因为住宅硬件条件的变化，已经不复过往那样熟悉、温馨、信任的"远亲不如近邻"的亲密关系了，楼上楼下不相往来乃至从不相识的情形太多了。孩子的出现会稍微改变这种状况，但是因为没有以前亲密邻里关系的积累，孩子们要想找到一个好朋友，难度不小。

为了孩子更好地发展，我觉得有必要为他们寻找多样性的小同伴，包括不同年龄、不同区域、不同性别、不同家庭的孩子。

找到一个好朋友

在我的家庭教育讲座中，经常有一些爸爸妈妈会问："特别羡慕你组织的一些亲子活动，能让孩子们多交往，怎么给孩子找到伙伴呢？"记得有一次我回答得很尖锐："如果你是真心这样想的，就应该主动出击为孩子创造机会。比如，你也可以组织小区的亲子读书会。敞开你家的大门，孩子自动会带别的孩子上门。"

◇ 兴趣班的探索

女儿上完幼儿园小班后，因为搬家而"失学"在家一年，对于一个正渴望认知世界、认识他人的孩子来说，这是件很不爽的事情。虽然有哥哥，但她还是很想有好朋友。于是，她很容易就将在小区花园里玩耍遇到的孩子看成"好朋友"，可是这些偶遇的小伙伴如何能成为"好朋友"呢？

幸好女儿上了一个舞蹈班，于是有了自己的"同学"，很快就和其中的几个熟悉，并且有了一个聊得来的好朋友，每次上课都互相带着"好吃的"跟对方分享，特别愿意去对方家玩。我们感受到了女儿对友谊的珍惜，也尽量满足孩子们的这种交往需求，创造条件让女儿和小伙伴多交流。为此，几个要好的舞蹈班同学还一起报了一个唱歌班，不仅多了相聚的时间，且在舞蹈的共同兴趣上又多了可以"沟通"的共同语言。

跟女儿比起来，儿子属于慢热型选手，与小朋友的交往也是如此。在不同

的兴趣班，他总是最后才能找到自己的"好朋友"。我们也不着急，孩子的交往对象当然由孩子自己来选择。

◇ 旅行中磨合

在我们的游学中，我会特意邀请有相近育儿理念的家长同行。在出行前，会安排孩子们"相亲"，让他们能够提前熟悉。这样在封闭、集中的旅行中，很容易让孩子们熟络起来。

但毕竟是不同家庭养育的孩子，他们每个人都会有自己的想法和主张。我们要做的就是奉行不干涉主义，由着几个孩子去商讨不同的游戏规则，解决"争抢"用具的矛盾。我甚至都"阴暗"地希望孩子们能产生一些小摩擦，好有彼此学习的机会。

◇ 小区里的青梅竹马

住在一个小区，如果入住时间大致相同、家庭里孩子的年龄差距不大，很容易从过满月出来晒太阳，到学步，到一起上幼儿园，再到上学，培养起牢固的友谊。这类伙伴就是被称为"发小"的组合。

儿子也不例外，虽不同时期会有不同的死党，但其中有个比儿子大几个月的女孩一直坚定不移地没有偏离儿子"好朋友"的这个范畴。到上了学，他们还是经常地见面玩耍、看书、打球，大人要是有个什么事，也会拜托对方帮忙照看。女儿上了小学，发现同一个小区的另一个女孩也在班上，很快两个孩子就亲密了起来。这样的友谊已经从孩子波及了两个家庭的交往——孩子们的交往促进成人间的认同，成人间的认同又促进了孩子之间的交往。

小区里孩子们如何增加交往呢？生日聚会和一起出游是两种不错的方法。特别是生日聚会最能发现孩子心里的"朋友"。相互邀请参加自己的生日聚会，是每个孩子都喜欢的事情。

一起出游也是如此。同住一个小区，会彼此知晓孩子的脾性，也容易跟家长沟通。我们有时候去参加读书活动，或者去公园，会问问相熟的几个爸爸妈妈，大家都有意，就一起行动。

◇ 公益活动助交往

我组织的公益儿童阅读推广组织——爱阅团，定期举办亲子读书会、阅读讲座，慢慢地聚拢了一些热心家长，因为有着共同的理念，很容易走到一起。参加活动多了，孩子们也慢慢熟悉起来，彼此成了"老朋友"了。

还有世交吗？

试着交往不就有了？

因为成人间的友谊而发展起来的孩子之间的交往非常令人向往，这就是传说中的世交。

我在上大学的时候还有"拜把子"兄弟呢。我把这个故事讲给孩子们听，他们对"胡子伯伯"和"黑叔叔"因好奇而愿意接近，恰好他们俩的孩子的年龄与我家的相仿，孩子们几次见面后，虽然相隔很远，但都觉得对方是自己的好朋友。

因为我们兄弟交往的缘故，孩子们定期会有见面的机会，可能会比经常见的孩子距离感强一些，但我对将来他们的关系抱有乐观态度。

儿子有一位干爸，当然是我的好朋友。他们夫妻都很喜欢我的孩子，和孩子们很亲近。他们有一对双胞胎。儿子和女儿对这两个小弟弟也十分挂念，等他们大了，能不成为好朋友吗？

我们要帮着孩子制造一些与其他孩子相遇的机会，说不定这一种相遇会改变他们日渐单调的童年经历。

带孩子去上班
——让孩子知道我们在努力

带孩子上班那不是去添乱吗？

孩子在办公室都干啥？

儿子和我加班去

儿子 2 岁多的时候，我办公的地点离家很近，就会在周末加班的时候带着他一起去办公室。我工作，他就在一边玩，事先跟他说好，我要工作多长时间，需要他自己玩多长时间。等我工作完了，我才会和他一起读一本书，或者到楼下商场里的儿童乐园玩。那个时候，"我和爸爸加班去"成了儿子很特殊的体验。

在我彻底改行做教育之前，还搬了一次办公室，楼下有适合儿童的餐饮，孩子们挺喜欢那儿。我会带着儿子和女儿去上班，儿子大了一岁，在我工作的时候，可以播放当时他们喜欢的动画片来看，比如《爱探险的朵拉》《粉红猪小妹》等。我们会互相提醒，不能老看着电脑，该休息了，该喝水了，该下楼吃好吃的了。

他们和办公室的其他同事也都混熟了。他们知道了什么叫作同事，爸爸的同事都是些什么样的人，爸爸的工作场所是个什么样子，爸爸都要做哪些工作。

改行做儿童出版和儿童教育后，带他们去办公室似乎更多了，同事们也慢慢地了解和喜欢上他们。他们俩也有了自己的"粉丝",特别是女儿,我和妻子的办公室都有特别喜欢她的人。同事们会经常送些书籍、文具等小礼品给孩子,孩子得到来自非亲属的关爱,知道人际关系的不同组成,知道因为自己的微笑、自己的礼貌、自己的可爱会得到他人的赞赏,从而强化他们的一些优良言行。

这也让孩子知道爸爸妈妈的工作到底是怎样的,让他们对不同的职业有所了解。

现在各地出现了不少儿童的职业体验活动场所。北京就有好几处这样的地方,上海、苏州、长沙等地也有。记得 2010 年世博会期间我们一家人去看世博,连着 3 天都去职业体验中心,各国博物馆对孩子的影响力都比不上他们对自己感兴趣的"职业"的体验。我们也经常去北京的几处职业体验场所,让他们排队去银行存钱、去买食物等。

这些体验很有趣,但毕竟和成人的职业世界相距较远,所以更好的就是我们带他们到办公场所参观和"上班",从而让孩子近距离观察爸爸妈妈都是如何应对职业要求的。

当然,带孩子上班不能强求,毕竟很多的职业场所并不适合带孩子去。不过,去爸爸妈妈的工作场所是孩子们超级感兴趣的话题,如果有合适的机会,就这么干一次吧。

职业教育从起跑线开始

我们给孩子做榜样也可以从带孩子参观办公室做起。毕竟孩子将来的职业是经过很多年的教育才能最后由孩子"自己"决定的,可是现在很多家长已经开始从孩子将来的工作来倒推如何对孩子进行"早教"了,真的是不让孩子输在起跑线上!我曾经访谈过一位早教事业的创始人,他最早是做成人职业培训的。他在培训过程中发现，这些为了找到一个工作来重新学习的年轻人实际上在他们的基础教育时代就已经"落后"了，于是他就投身到中小学的课外辅导培训。做了两年后，他发现来补习的孩子很多没有好的学习习惯，反倒有一些不怎么合适的生活习惯，他认为这些都是早期教育中欠缺的地方，于是他又选择了开设早教中心。

我们聊天的时候，说得很轻松，实际上我们俩心里都很沉重，问题真的不在于孩子，而在于家长。他办早教中心，如同我写这些文字一样，如果能影响到父母，那才是真的发挥了作用，那么将来上补习课的儿童和回炉进行职业培训的年轻人都会少很多。

我有一位海外留学归来在 IT 领域创业成功的大学教授朋友，跟我说过他对子女职业选择的影响与被影响。他女儿曾经一度对心理学非常感兴趣，大学毕业后要去修心理学的研究生，他极力反对，却反而更增强了女儿学习的动力。后来，他利用自己数据库的专业优势，就心理学专业的就业方向和薪酬水准、个人发展做了很细致的分析，提供给女儿参考。

他的儿子上了中学以后兴趣非常广泛，但是真正坚持下来的很少。在选大学专业的时候，儿子按自己的意愿选了工程，学了两年后，受到姐姐的这个分析报告的影响，自己也做了一个专业与就业的调查和分析，然后根据报告调整了专业，选择了自己还算喜欢、就业前景更好的程序分析专业。

因为他们就学的环境是美国，所以这个案例我们只能用来参考。这位爸爸用动态的数据分析来设想孩子将来的就业，而不像我们现在的家长们为孩子考虑的是自己的关系和资源，或者是将自己当年追求事业和成功的愿景寄托在儿女身上。而且，目前国内的公务员考试、国有企业招聘等热门就业渠道干扰因素很多。我们应该认识到，孩子多年以后才会面临就业，我相信有能力的青年人会有更多的机会。

让孩子感受更多成年人的世界

我全职在家育儿后，有一些机构来邀请我工作。有一家机构我很喜欢，两次去跟主管聊工作的时候都带了儿子过去。回来后，儿子把这事说给女儿听，女儿很"羡慕"——虽然更多的是"跟屁虫"和"为何我不在场"的心态，但她表示也要带她去。她还问："爸爸不是在家上班吗，怎么又要去上班呢？"既然她问了，我就要回答。我跟他们俩说："你们都知道爸爸现在在家有许多兼职工作，还要写书，才决定不再每天上班下班，而是成为自由工作者。现在，有些单位要请爸爸，爸爸去是因为觉得这个事情符合我的兴趣，而且邀请我的人信任我、欣赏我……"

不过，要注意，这不是和孩子玩游戏，这个过程本身只是想给孩子空间和时间，让孩子参与进来，而不是真的让他们来做最后的决定。

带孩子与自己的同事或朋友接触，能对孩子产生很大的影响。因为那些是与爸爸妈妈不同背景、不同表达方式、不同知识层面的成年人，可以让孩子看到更丰富的世界，促进孩子的表达和思考。

而且，孩子接触了各种有特点的人，说不定就把哪位当成自己的榜样，默默地吸收和学习这个榜样的力量呢。何况，这些榜样总是将自己最闪光、最具有真善美的一面展现给孩子。

我曾经带孩子"陪着"我当时担当顾问的悠贝亲子图书馆的创始人去公园、去书展、去书店，很快这位同羽毛球世界冠军同名的林丹阿姨就博得了孩子的喜爱，他们的交流完全不同于亲子之间的交流。还有，儿子去妈妈的单位回来后，告诉我他跟妈妈的老板聊天很愉快。他们对孩子的平等、宽容、呵护、豁达和慷慨，都会帮助孩子成长。

非常感谢他们。我一直也这么对待别人家的孩子。

好绘本慢慢读

《了不起的消防员爸爸》

这个系列旨在让小读者们了解不同职业的特点，一方面宣扬无论爸爸做什么都是最好的爸爸，都是了不起的爸爸，另一方面也是在给小读者普及职业理念。

30

第三十讲 我带女儿逛商场
——女儿要有挑选的眼光和自信

穷养儿富养女？

如何培养女儿的眼光？

我为何要带女儿逛商场呢？这要从一句"坑爹"的俗语说起。

·········· 不是"穷养儿富养女"那么简单 ··········

"穷养儿富养女"的说法误导大家，这是我生了老二之后悟到的。同一个家庭中，你让我如何"穷养儿富养女"？他们现在连微博粉丝谁多谁少都要比较，还不时有这样的疑问："哥哥上足球课有了新球鞋，为什么我没有啊？"儿子想上英语兴趣班，女儿也要上，这一下子就要3万多元！

在过去多子女家庭中，对儿女的教育有所不同，问题不大。当今，独生子女居多，恨不得把一切都给孩子，又谈何穷养儿富养女？"穷养儿富养女"成了一句特别容易让一些父母片面理解的话，跟"输在起跑线上"同样有害。无论怎样解说，这个是建立在成人思维和男性思维之上的说法。"穷怕"的男孩极易受诱惑而放弃自强自立，"富足"的闺女容易滋生娇气和骄横而毫无优雅举止和良好气质。

这句话只是提醒我们，要关注孩子性别角色社会化，对男孩、女孩的成长过程和条件有所区分。这在我家比较明显，因为儿子是老大的缘故，我们对他的期望相对较高，这种高期望我觉得就是"穷"的一种表现，结果让儿子呈现出敏感、紧张的一面。女儿出生后，因为我们有了一定的育儿经验，对她的养育更"放"得开，她的表现更显随性和大气。当然，这些观感只是对他们目前的感受，我们相信随着教育理念和方法的调整，他们俩会更能按其本性成长。

当今社会，女孩和男孩一样，都要有自立能力和开拓精神。过分娇惯女儿，不利于其未来的发展。按照性别的不同进行穷养和富养都过于盲目，在讲究个性张扬的现在，与其注重性别教育，不如注重个性培养。

就我家的实际和我观察的几个独生子女家庭来看，抚养男孩还是女孩所要花费的心血、金钱，大体相当，只是教育的侧重点不同而已，而且这种不同毫无性别分歧，更重要的是教育理念的不同。

穷养还是富养，这对家长提出了一定的要求。爸爸是孩子的精神源头和榜样，妈妈是孩子身体生命的来源和守护神。家长对孩子无限的爱没问题，但是不要过界，比如按照自己的期待对孩子进行富养，不仅倾其所有，而且用尽其时。

我成了全职爸爸后，每天孩子放学后就带着他们在公园里溜达，有时会踢球，有时去观察公园里的花草树木。后来给儿子报了足球兴趣班，人往那里一送，就忙活自己的事了。

我经常和女儿一起逛商场。北京的十多个商业区的商场我们俩都去了，我把我自己喜欢的和知道的一些服装品牌告诉她，会告诉她我最需要的服装，然后告诉她我的喜好，进了商场后就直奔主题，还请她帮我挑选。她选的红格子衬衫和对襟开衫很适合我。在我喜欢的服装品牌店中，有几家是卖儿童服饰的，每次去我都允许她买服饰，女儿总是选择不超过 2 件。她现在知道需要什么，会对我们提出要购买；色彩偏好也逐步度过了小女孩的粉色期，会选择其他颜色；服装和鞋在她选穿几种后，我们也会给些意见；像头饰这些小零碎完全是自己选，我们不给意见……5岁的闺女俨然成了购物熟手。

我曾经和胡老师说，没多长时间，你们母女俩就可以一起逛商场了。好像小女孩都有这种爱美、爱服饰、爱逛街的"天性"，而我期望用男性的购物思路和行为，给女儿多一个视角。

另外，我想说，家长与其"穷养儿富养女"，不如富养自己。我们不能把所有时间和精力都花在子女身上，以为这样就是给孩子最好的教育，应该让自己更有品位、更懂生活，孩子自然能学会。

培养"小财女"

我相信女儿在我们的引导和哥哥的影响下，会成为才女。同时我非常想让她也成为"小财女"。

爱财也没什么啊，会理财更好。

从何处入手呢？我们觉得从消费观念开始吧。

最基本的就是让孩子知道钱财是通过劳动交换所得。但孩子做家务并不在此列，他们是家庭中的一员，做他们力所能及的日常事务，比如整理床铺、参与做饭、刷锅洗碗、扫地除尘、洗衣缝补、倒垃圾等，这些是大家可以逐渐参与分工的家庭义务，与之相交换的是在家庭享有的各项权利，无须额外给付报酬。

"工资"或"奖金"的发放在我家也慢慢地形成机制，我会在月底给他们，然后听他们聊聊有没有什么消费计划，之前的钱还有多少。这样做的目的是让他们获得固定收入，形成收支预算的意识。在这个基础上，再由他们根据需求购买。而在可买可不买的情况下，我就会告诉孩子，这次购买需要用他们自己的钱。他们就会再次思考："我真的需要吗？"

对于银行和银行卡的概念，孩子们很早就有。他们 2 岁后经常玩的购物假扮游戏，都会先报价，再刷卡。儿子 5 岁后，我们多次带他去儿童职业体验中心，那里就有专门给孩子存储代币的银行业务，儿子都自己去办理，还会帮着妹妹办理。

儿子上小学了，我们开始把他们的压岁钱给存起来，正儿八经开通了真正的银行账号。告诉他们存一年的定期，把定期和活期存款的不同仔细地解释了一遍。除非特别必要的开支，否则到期前不会动用。而且，如果每年的压岁钱都这么存起来的话，到了 18 岁将会是一笔"巨款"。他们对这样的定期储蓄一下子有了兴趣，算是初步建立了储蓄意识吧。

储蓄罐作为实用玩具应该是每家都有的。家长要想法子让孩子有更多获取收入的机会，让那硬币投入储蓄罐的"叮当"响声激励孩子。我的一个小方法是到银行换取一定量的崭新硬币，每次给孩子劳动报酬，都用硬币结算。不要偷懒直接从钱包里随便找出一张纸币给孩子。"收钱"是孩子特别喜欢的事，这样做会让孩子觉得更有趣，也更容易坚持。

等孩子大一些，可以送给孩子钱包，让他们在钱包里装入他们自己的零花钱，出门逛街或外出旅游的时候，就让他们带上，行使他们的财务自由权。你大可放心，孩子不会乱花钱的。

培养孩子的消费观念，又得说回到我们自己身上。比如，我们自己要有不求奢华、但求舒适的消费习惯。你可以跟孩子们聊聊品牌，更要告诉孩子自己喜欢、穿着舒服才是选择的依据。比如，我是个格子衬衫控，我会跟女儿聊我自己喜欢的格子衬衫，也问问她喜欢我的哪件格子衬衫，并说说喜欢的原因。这些衬衫的价格都不是很高，其中还有女儿给我挑选的呢。

好童书慢慢读

《真正的男子汉》

《真正的男子汉》既然说的是两位真正"男子汉"的故事，当然也免不了聊聊性话题，只是看起来乳臭味干、乳牙刚落的小小男子汉的话题简单而直接，毫无对性的真正认知。

男孩们谈论这些内容正是最好的性别教育良机。性别教育是对孩子进行性教育的基础，是孩子对自身了解的启蒙，也是孩子形成健康人格的基础。随着幼儿的身体变化，从外界得到信息的增多，孩子的性别角色意识从3岁后就开始建立，一直持续到青春期。

实实在在的家庭手工
——做一个万能先生

孩子能做什么家务活？

怎样培养孩子的动手能力？

和几个爸爸聊起来，他们说买了铁环给孩子，可是孩子不喜欢玩。我问他们自己还玩吗？当然不玩。

.... **物质在发展，我们在退化** ....

想想我们小时候，人手一个铁环，不少还是自己做的，选合适的铁条，弯成圆形，两头弯成钩，勾住后再用锤子砸扁了，只要不影响滚动就行。

还有，我们做过"羊骨头拐"，做过水枪，做过弹弓，做过输液管水枪、火柴枪……奇怪的是，当年这些做玩具的人现在当了爸爸妈妈后，多数是给孩子买各式各样的玩具。当然那些有趣的玩具也能满足孩子的需求，就是少了当年的那种"顽"，也缺乏"群众基础"——现在的玩具都是在"鼓励"孩子自己一个人玩，而我们小时候的游戏都得几个人一起才好玩。而且，我还觉得小时候的游戏绝对是绿色游戏，又省钱又环保。还有件事我也觉得奇怪，那时候信息沟通不便捷，出版物、影视更不会关注这些小玩意儿，为什么全国各地游戏的玩法，却大致差不多呢？

女儿一直比较喜欢做手工，早教课程里也有各式各样的手工课。我发现，现在的手工越来越脱离实用性，成了"精品课程"，既然是精品就不是日常所能用的，既然是课程就不是生活。长此以往，我们的孩子的双手还能和手工有关联吗？

现在的孩子，还能使个锯子、动动锤子吗？

是，生活在进步，物质在发展，可我们的手在退化啊！

手工是生活，不是课程

儿子大班时，我曾让他敲钉子，他毫无悬念地砸到了自己的手指头。到了小学二年级时，让他钉一个小木盒还是没问题的。同样是手工，为什么要做一些小巧玲珑、毫无使用价值的东西呢？做一个能够直接使用的多好！

我和儿子做过画框，挂上自己的画作；我和女儿做过纸箱子，女儿还把纸箱的四面都画上图，现在这个箱子还用着呢；我和女儿在圣诞节前剪出漂亮的拉花，用来增添家里的节日气氛；我和孩子们一起做家里的菜谱，用起来更加喜爱……

在我们家我是万能先生，力气活和巧活我都可以上手。

闺女的玩具折了，是那种硬伤，她哭哭啼啼的，我假装会帮她变回去，暗地里求助于胶水，用强力胶给粘好。女儿惊喜之余，也改变了看法：原来很多坏的东西是可以修复的。

我们家大米买回来要装到一个窄口大瓶子里，每次我都请孩子们帮忙，从来不怕越帮越忙——米粒儿四处都是。我教给他们做漏斗的方法，提醒他们找到合适的盛米工具，于是量杯、勺子、矿泉水瓶、一次性纸杯、玩沙的铲子，

通通试验一下。

　　有了孩子后，家里慢慢添置了一些宜家的家具，特别是儿子过了 5 岁后，我们买来的凳子、椅子、书架什么的，都会请孩子们帮忙安装。孩子的好奇心特强，看到包装箱马上给你拆开。因此，只要我们放下担子，请他们干点力所能及的活儿，没有不乐意的。最近添置的高低床和书柜，辅助性的工作全是孩子们完成的。

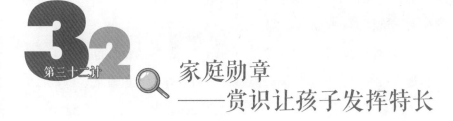

第三十二计

家庭勋章
——赏识让孩子发挥特长

怎样赏识自己的孩子？

现在给孩子发"小红花"还好使吗？

都说别给孩子贴标签，明白的家长都知道，说的是不要随便给孩子贴上负面的标签，这意思比"别给孩子贴标签"要复杂些。所以有些家长憋着自己不敢给孩子贴标签，或者是实施过度的"赏识"教育。

很多家庭教育问题都是对"度"的把握问题。

多"点"赏识教育

《点》是一本让家长学习赏识教育的图画书。书中实施赏识教育的是一位老师，作为亲子共读的主角的家长们，可以从中学习到家庭教育的一个重要方法——赏识教育。

在这本书的题献中，作者说是献给他七年级的数学老师，"是他鼓励我'画一笔'"。正是这"画一笔"，让彼得·雷诺兹成为一位知名的童书作家。所以，彼得在《点》中就能够敏锐地捕捉到孩子在自我成长、学习技能时遇到的小挫折，以及隐藏在"漫不经心"之后的需要关怀的心理变化，激发孩子的潜能。我们亲子共读这本书，能让孩子在阅读中，有所感悟和体验，说不定会让他们对自己某方面的能力充满信心。

这也是一本能够让父母学会赏识孩子的图画书，故事的设计也抓住了大人的心理特点，让家长在陪伴孩子阅读时能够自动向老师的角色靠拢，以轻松愉悦的心情被带入故事情节中去，领会作者匠心独具的教育理念。因此这是一本融合了学前教育的"赏识"艺术和儿童文学的"悦读"之美的图画书，被当成是美好老师的一个范本。我觉得这也更需要我们家长在亲子共读之余，思量下自己的家庭教育方法。

在心理学上有一个很著名的案例，一位著名的心理学家到一所普通学校调研，一位老师问他："先生，您能不能挑出班上智力超常的学生？""当然可以。"然后用手在学生中指点起来："你、你、你……"一年以后，这位心理学家再次来访这个学校，问起那几个孩子的情况。老师说："好极了，原来普通的学生经您一点，一个一个全变了，这是为什么？""这是因为这些孩子受到了同学们的羡慕、老师的关怀、家长的夸奖，得到了自信，促进了智力水平的飞速发展。"这个故事简洁明了地让我们认识到赏识教育的独特魅力，提高孩子自信最直接的方法就是及时而适当的肯定和赞赏。

家长应该让教育充满赏识。我理解的赏识有两个层面的含义：一个是对孩子已经萌发的优点和长处进行欣赏和赞扬，让孩子充满这方面的认识——"我做得很好"；另一个如同《点》中的老师，尝试着"无中生有"地激发孩子的潜能，让孩子在"我可以做"的心态中觉醒。一次赏识的赞同，一个赏识的微笑，一种赏识的激励，会像阳光照在含苞欲放的花朵上。对孩子而言，这很可能是他们一生的转折点。

赏识中的"识"，我的理解就是真正认识和了解孩子。儿童的身心发展有其客观规律，在不同的阶段有着不一样的特点，有着发展的不平衡性。每个孩子都是独一无二的，各自带有与生俱来的特长和偏好，也有不同的缺点和劣势，我们不能期待我们的孩子和别的孩子一样好，也不能期待他们样样都好。我们要相信我们的孩子，在有益有效的教育引导下，他们的优势领域一定会有所发展。只有先"识"孩子，家长们才能发自内心地相信孩子，理解他们，宽容他们，欣赏他们。

还有个例子，爱迪生小学的时候被老师认定是"傻子"，而他的妈妈却对孩子一直很赏识，自己在家里教育他。妈妈带着他读书，鼓励他做各种实验。可以说，没有妈妈的家庭教育就没有后来的爱迪生，是他的妈妈造就了他，因为她相信儿子。这个故事印证了赏识教育中的一个观点：赏识导致成功，抱怨导致失败。因为小孩子会在无意识中按照父母的评价调整自己的行为，达到父母赞扬或者抱怨中屡次提到的"期望"。因此我们作为父母，不妨试着去赏识自己的孩子，这将是一个了不起的实践。让我们换一种心态，以赏识的目光激励孩子，让每个孩子都能成才。

赏识教育是肯定孩子的教育，是承认差异、允许失败的教育，而且充满人情味，是能使所有孩子欢乐成长的教育。

少点负面标签

有一本图画书叫《爱德华——世界上最恐怖的男孩》，书中的爱德华其实是个普通小男孩，在他那个年龄，有着"狗都嫌"的种种调皮表现。有着高标准、严要求的大人们当然比狗要知性得多：爱德华，你很粗鲁；爱德华，你是世界上最吵闹的男孩；爱德华，你是世界上最恶劣的男孩；爱德华，你是世界上最没有爱心的男孩；爱德华，你是世界上最脏乱的男孩……而爱德华也一点没有辜负大人们的期望，完全按着大人们的明确指示去成长，变得一天比一天野蛮、邋遢、恶劣、粗鲁……

直到有人换个角度去欣赏爱德华，大家对他的评价也随之改变：爱德华，你对小动物很有爱心；爱德华，你把房间整理得真干净；爱德华，你是全校最干净整洁的男孩……爱德华从此在人们的赞扬声中找到了前所未有的自信，变得越来越优秀，他细心地照顾每个一起游戏的小朋友。虽然，爱德华有时候还有一点点不爱干净、野蛮、脏乱、邋遢、吵闹、恶劣、粗鲁和笨手笨脚，但爱德华从此成了世界上最可爱的男孩。

道理不用多说，让明里的负面标签、暗里的心理暗示都离你的孩子远点吧。孩子们需要我们的赏识，而我们可以用游戏的方式表达这种赏识。

给孩子发勋章

不知从何时开始，代表着好孩子的小红花变成了小贴画，大奖状变成了小印章。

贴纸有点儿泛滥了，且太容易取得了，成了一个普通的玩具。孩子们都会提出购买要求，来一本贴纸，想给谁贴就给谁贴。

在我家，凡是孩子参与的，我们都会分级别，而且会根据家庭成员在某些方面的特点冠以荣誉称号。比如，姥姥曾经是高级厨师，妈妈是一级厨师，我是入门厨师。妹妹是喝汤高手、吃芒果和苹果高手、养鱼高手、拼音高手、跳皮筋低手——因为她刚刚开始跳，不过依她的脾气，恨不得第二天就变成高手。她还是小大力士。在我家我是超级大力士，儿子经常帮着拎东西，被称为大力士，而妹妹也不甘示弱，自称"小大力士"。

我已经准备了石头刻刀，等孩子们力气稍够，我会和他们一起刻章作为勋章，替代现在的手绘勋章。

用小小勋章鼓励孩子独立做一些力所能及的事情，不仅能减轻咱们的负担，还能促进孩子成长，让孩子对事物的把握多一些不同；在掌控时间和自我管理上也能多一些经验。最怕的是家长直接放手，也不说清楚，又对结果过于重视，会使孩子摸不着头脑，结果是接着胆子小，依旧逃避。

 # 赏识孩子的三个注意事项

◇ 赏识到点上

有些人片面理解赏识教育，无论孩子做了什么，就是一句"你真棒！"孩子无从知道自己的什么言行被肯定，哪里需要自己再奋力发展。我们对孩子的赞赏应该有客观的描述，对孩子需要赞赏的某一点进行赞赏，不要笼统地赞赏。

◇ 赞赏要及时

比如《点》中的孩子正处于"爱画不画，不画能咋地，戳个点没啥大不了"的心理状态下，老师的几句言语和挂画的行为，就是非常适时的赏识，会给孩子极大的激励。

◇ 赏识要适度、适量

适量、适度的赞扬，对于鼓励孩子、帮助他们建立自信是非常重要的。但过多、过高的赞美，以及语焉不详、不客观的赏识，有可能使孩子产生心理落差，给孩子带来伤害。

自信是成功的基石，是人发展的内在动力。拥有了自信，也就成功了一半。作为孩子第一任、也是终生的老师——家长应学会运用赏识教育，去赏识孩子、相信孩子、鼓励孩子，帮助孩子克服自卑、懦弱的心理，促使孩子自信。

　　我们每个家长都希望自己的孩子出类拔萃，在起跑线和途中跑都有优异的成绩。但是，这些成绩不全是教育的目的，一个人知道幸福是什么，知道如何幸福，才是教育成功的人。

　　赏识多一点，让我们做孩子的啦啦队吧！

好绘本慢慢读

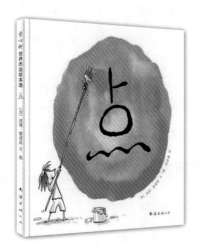

《点》

　　小姑娘瓦斯蒂在美术课上什么都没画，交了"白卷"。她的老师没有"在意"，而是先打消孩子内心因为没画带来的负面情绪："暴风雪中的北极熊啊。"当然，瓦斯蒂的反应很真实："我根本就没画。"然后，老师请孩子在画纸上画上一笔！瓦斯蒂还没从"畏难情绪"中转过来，只是用笔在纸上戳了一下。可就是这个随意的"点"被深谙儿童心理和教育本质的老师装裱在一个金边画框里，挂在老师背后的墙上！我们不一定能想象出一个孩子看到此景的内心波动，但我们可以知道，孩子会生出自信之心！

　　这就是一个好老师的魔力，也是我们家长要学习的地方。适时赏识孩子，提升孩子的信心。我们都说能遇到好老师很难，其实好老师就是我们自己——家庭教育能给予孩子的比我们想象的要多得多！

33
第三十三计

超市购买的性价比
——咱们也说说钱商

为什么我的孩子总是吵闹着要买东西?

怎样给孩子解释性价比?

有哪些培养孩子"财能"的好方法?

孩子知道什么叫性价比?

有本童书叫《泰迪熊大购物》,孩子们都喜欢。开始我不知道具体原因,后来慢慢发现,原来他们对书中小熊们的购物清单有兴趣。

我们老是带着孩子出远门,每次胡老师都会列一个清单,很小的时候儿子和女儿就对各种单据感兴趣。儿子上了小学,还对门票、购物收据、各种简介折页什么的大有兴趣,这些都和前面说的阅读材料有关,它们都可以成为孩子们的阅读对象。

我倒是没有这样去查看明细的习惯,胡老师也没有。只是某一年传出大型超市在购物单上做文章的消息后,才开始会瞄一眼清单。

后来,胡老师去超市购物也开始列清单,其本意是为了防止忘买某样东西。我想到是不是可以让孩子来参与一下,并且有所收获呢?

性价比是胡老师教给孩子的。有一次我带女儿去超市，她说奥利奥的大包装性价比高，我们人多买大包装好。我听得一愣一愣的，反问她："你知道什么叫性价比吗？"

"就是超市的名字呗，美廉美——物美价廉。"

说得还不错，怎么做呢？有个单词可以教给他们——sales。看到这个单词就知道有物美价廉的东西了。当然，按需购买的基本原则同样要发挥作用。

只买一件

我负责家庭饮食后，带孩子们去超市的机会多了起来。除了我们自己做的糕点当早餐、下午茶点外，我会允许他们买自己愿意尝试的食品，当然会让他们去看配料表是否有不利于孩子健康的添加剂。而且，有时候为了"哄"或者"激励"孩子，我也会用自主购买这一招。

我们说好只买一件。

这个约定给大家带来了麻烦事，他们要比较，要下决心，还会征求彼此的意见。慢慢我发现，他们较容易达成一致，这样可以交换到好吃的食物；还发现，他们很喜欢尝试新的产品。

这个习惯养成后，我再不会为了买什么、买多少"好吃"的头疼了，头疼的该是孩子们了。

然后，我会加码——5元以内！或者，最高限额是10元！

按需购买

说财商就得认识钱，认识到钱的特殊使用价值。孩子的认知简单，他们虽然知道钱可以满足他们现在各种小小的物质需求，但又对钱的多少没有概念。

我和女儿摆过地摊，去销售她和儿子的毛绒玩具，3 岁的她根本不知道 1 元和 10 元的具体区别。而儿子在一年级的校园市集中，成功地卖掉过自己多余的童书，换回一盆花、一本我不愿意让他看的校园快餐小说和一本《安徒生童话故事》。据他说，他最多有 15 元钱，是反复比较了自己想要购买的几样东西后，根据价格和喜好程度购买的。儿子还在校园里卖过国安队的球迷装备，挣了多少钱也没告诉我。

旅行中有许多实施财商教育的好机会，而且是一个相对完整的财务"管理"过程。在出门前的家庭会议上，我们会做出大致的预算，跟他们讨论各项支出的必要性，让他们知道我们为此要支付的金钱数额。在旅行中，我们会检视支出情况，让儿子来当出纳——哈哈，有两个孩子真好，女儿再大些，我们就请她当会计，她可喜欢管事了。

增值的秘密

整理图书的时候，我拿了几本民国图书给他们看，嘴里念叨一句："你看这一本都要上千元呢，当初老爸也就花了 20 元。"女儿耳尖，立马就问，那我们的书都能变成 1000 元吗？儿子帮我做了回答，"那要等你的孙子的孙子的孙子的时候了吧"。

我听了很是欣慰，觉得跟儿子聊过的邮票增值和贬值以及在博物馆看到和聊过的古董文物的价值等方面的知识儿子还是吸收了一些的。物以稀为贵的道理大家都知道，可以借用手边的物品跟孩子讲一讲有些特定物品的价格为什么会疯涨，油价、房价、鱼价之类的都可以说一说。

反过来，也可以说说货币贬值，说说国家也可以破产。我收藏有越南货币，高额的面值就可以当作实例；报纸上报道的希腊、塞浦路斯等国的经济危机也可以用最通俗的语言解释给孩子听。

培养财商的小游戏

◇ 购物过家家——一手交钱、一手交货

小孩子没有不爱玩过家家游戏的，不论男孩还是女孩。当然在花样繁多的过家家游戏中，也男女有别，比如儿子爱玩打仗，女儿爱玩生小宝宝。购物游戏倒是他们俩共同喜欢的。儿子 2 岁多的时候，我们买过一款超市套装游戏，有商品，有收银机，有信用卡，有现钞，收银台的抽屉还可以锁上。儿子特别喜欢跟我们玩购物游戏，那时候话还说不利落呢，却总是叫卖他的商品。等女儿快 2 岁了，他们俩就玩得更带劲了。

这款游戏我觉得能让孩子体验到：购买东西需要等价交换；想要东西，需要用货币购买；付款有刷卡和现金支付两种常见的方式；给了现金要注意找零；商品都有价格。

◇ 卖小猪喽——我也有价

孩子总是喜欢往大人身上腻歪，让你抱抱、背背、举高，只要孩子们一爬上我的背，我就会到处兜售："卖小猪喽！"家人也很配合，纷纷表示要买。孩子乐滋滋地开价，小时候他们真不知道价钱是怎么回事，一块两块地贱卖自己。别急，姥姥出两块也不卖，因为妈妈也要买啊，那就竞价拍卖。很快就超过了孩子们能数出来的数字了，他们还跟着着急："够了够了！"

◇ 票——有价的纸片

我们家经常回到计划经济时代，干什么都要票。借书要票、看电影要票、进入各自"领地"要票、听故事要票，想要吃对方的零食，拿票来。这些票有的可以用各自的"信用卡"替代，有的是各自仔细书写或随意涂抹的纸片、书签，在他们眼里这些纸片拥有与钞票一样的魔力，能轻松换取想要的东西。

◇ 家庭市集——存量盘活

孩子喜欢成人的东西，相信你也有此体会。有些东西确实孩子也能持有，你会怎样给到孩子的手里？

孩子也喜欢对方的东西，尽管我们尽量做到相对公平，他们还是经常会觉得对方的东西更好，就是想要。怎么调剂？

那就举办家庭市集吧。把你虽舍不得，但是觉得也可以交给孩子保管的藏品，或者他们也能将就着用的物品，都给标个不高不低的价格（我想你总该知道孩子的"购买心理价位"吧，知道自己孩子的现金存量吧）。也让孩子们整理出自己愿意通过"售卖"来交换的东西，标上价格，大声地吆喝吧。

◇ 藏宝箱——拥有

儿子 7 岁、女儿 5 岁的时候，我们给他们各购买了一个箱子，用来存放他们觉得珍贵的东西。钱罐子、钱包、带密码锁（密码就记在封底）的日记本，曾经特别喜欢的玩具、邮票、外国钱币等，都被孩子们仔细地收好。

我要提醒家长的是，如果你也打算给孩子一个箱子，请你一定要忍住：不要为孩子把她早年做的一个手工也给珍重地收进箱子里而烦恼，因为这是孩子的宝箱，不是你的。

财商教育实践表

以下文字据说是国外孩子的理财教育规划，我们可以参考，具体实施要兼顾各家的实际情况。

3 岁　开始辨认钱币，认识币值、纸币和硬币。

4岁　学会用钱买简单的用品，如画笔、泡泡糖等小玩具、小食品。最好有家长在场，以防商家哄骗小孩。

5岁　弄明白钱是劳动得到的报酬，并正确进行钱货交换活动。

6岁　能数较大数目的钱，开始学习攒钱，培养"自己的钱"的意识。

7岁　能观看商品价格标签，并和自己的钱比较，确认自己有无购买能力。

8岁　懂得在银行开户存钱，并想办法自己挣零花钱，如卖报、给家长买小物件获得报酬。

9岁　能有自己的用钱计划，能和商店讨价还价，学会买卖交易。

10岁　懂得节约零钱，在必要时可购买较贵的商品，如溜冰鞋、滑板车等。

11岁　学习评价商业广告，从中发现价廉物美的商品，并有打折、优惠等概念。

12岁　到了这个年纪完全可以参与成人社会的商业活动和理财、交易等活动。

好绘本慢慢读

《泰迪熊大购物》

好朋友们去超市购物前一起商量都要买哪些东西,并列了一个购物清单。可是,执行起来他们会不会忘掉一项两项呢?

第三十四讲

挣钱排行榜
——服务创造价值，获得报酬

孩子做家务需要给钱吗？

什么样的工作可以给孩子工钱？

··········· 发奖金喽 ···········

最近一次儿女跟我去咖啡馆"上班"，我提了一个新的要求，问候客人或听客人提出需求的时候，一定要看着对方。这比以前的要求"说话的时候要看对方"又近了一步。孩子们和成人的思考方式就是不一样，有时他们自己说的时候就看着对方，听对方说的时候眼睛就很随意。因此这次我是当成对服务生的要求提出的。

女儿每次拿了菜单问了客人的需求后，就会跑过来对我说："爸爸，我是看着他说话的。"说是"小声"，可是周边的人都听到了，纷纷笑了起来，越发衬托出女儿的可爱。

对哥哥的新要求是，要参与刷盘子、洗杯子的工作。为这两个要求，我提出了发跟工资一样多的奖金——对，孩子们去咖啡馆"上班"要给工资的，如果他们俩达到了各自的要求，就会多发 5 元！

虽然才 5 元钱，可儿子和女儿为这 5 元奖金真的是很认真地工作。因为他们知道，如果能达到我额外提出的要求，他们可以多得到报酬。虽然是他们第一次听说奖金这回事，但是他们一下子就明白了其中的道理。

回家的路上，儿子将他获得的工钱都算了一遍，已经有 60 多元了，都是他通过洗车、咖啡馆上班等工作挣的报酬。女儿比他的少，也有 30 多元了。少少的钱比不上他们压岁钱的红包，但因为是自己劳动所获，都很珍惜。

钱商重在培养消费观念

培养儿童的钱商越来越重要，我们也是从儿子上了幼儿园以后才开始做一些工作。我们没把他当孩子，相关的概念总是会说给他听，性价比、定价、打折等。儿子小时候特别喜欢小汽车模型，我们为他买了好多，但是我们从来不是一次性买好几个，而是让他自己选一个最喜欢的买。虽然他知道我们会继续给他买，但是孩子的天性会让他纠结于到底买哪一个好，于是他会选上几个进行比较，最后选择自己最喜欢的那一个。我们一共给他买过 30 多款汽车模型，他也就进行了 30 多次的比较和挣扎。

小汽车模型是一种结构化玩具，功能单一，虽然孩子们玩起汽车来会花上大半天的时间，可有些车玩着玩着就没劲了，估计也是因为这样，很多家长不愿意买很多的车给孩子玩。但是，家长又不把这个道理说给孩子听，而是用各种托辞，比如家里好多车了、这个样子的有了、这个颜色的有了等来拒绝。

家长说得越清楚，孩子越能了解和理解。别看孩子小，他们会自己衡量的。

北京西四环边有个 Shopping Mall，我们周末经常去玩，其中有个重要的项目就是带儿子去他喜欢的那几家玩具店。从来没有出现过他哭闹着非要买某个玩具的场景。儿子总是先兴趣盎然地尝试着玩各种玩具，然后过来告诉我们，他喜欢那个玩具，玩一会儿就好了，不用买。

是分内事，不是帮忙

儿子 2 岁多的时候，就开始擦地板，还把房间做了分工，安排我们每人负责一间。对于那个年龄的孩子来说，这些探索和模仿性的活动，很多家长们都是赞叹一下，肯定一下，好像没有当真的。我们却放大了儿子的这个行为，并且坚持要他干。不仅擦地，还有剥蒜、洗水果、搬椅子等，都会让他们来做。有些看起来就有趣的活，也可以让孩子们做，前提是家长要放下某些要求，比如把米装进容器里，这是孩子们乐意去做的。但是米和面容易弄得到处都是，弄得身上都是，又是很多家长不愿意看到的，特别是爱干净的妈妈们。

胡老师给我和儿子派活时，总是说"帮我干这个，帮我干那个"。我对此很有意见："拜托，这是家庭分工，是我们应做的家务，不是所有家务都是你的，而我们只是在帮你做事。"

不是我矫情。这是让孩子有"家务劳动有我一份"的感觉，也是提醒掌握"家务大政"的妈妈们要学会细致地进行分工。同时，最好不要直接把金钱和奖励挂钩，避免孩子把应该做的，比如学习、家务劳动等物质化。只有像前面说的咖啡馆打工、洗车、取报纸等孩子真正的劳动要给予报酬，甚至给予奖金。

另外提醒各位，不要太计较劳动的"质量"，诱发孩子的"罢工"心理。只要孩子劳动了，无论什么结果，我们都要接受。

同样，孩子挣到的钱，我们鼓励他们自主处理，鼓励他们储蓄，也要跟他们明确指出，爸爸妈妈在购买他们需要的物品时，需要动用他们的钱。这是对他们分担家庭责任的引领。我们"动用"孩子的钱时，会打借条并约定借期和利息，进一步地进行财商教育。

第三十五计　从起点到终点
——喜欢就去做

孩子 2 岁后，自我意识萌发，腿脚更为利索，眼睛和大脑的配合愈加纯熟。我们不能老让他宅着，也不能总是在小区里溜达，毛爷爷说的"广阔天地，大有作为"的理念这个时候要发扬光大才行。

那都找些什么乐子呢？可能各家各妈都有各法子。没有什么优劣，只要孩子乐意，且还多少带点儿游学的意味就好。

喜欢公交车，就去坐

儿子 1 岁多就喜欢公共交通工具了，汽车越大越喜欢，于是爱上了公共汽车。有人会说了，男孩喜欢公交车的太多了，过一阵子就没这兴趣了。这话或许没错，但我儿子对公共交通的爱好到现在依然激情四射呢。他在弹琴、做作业的空当，都要找出北京的公共汽车线路来研究，或者摹画北京地铁线路——每开工或建设成一条新线路，他都会加以修订。也不能总是研究公交和地铁啊，于是他延伸到全国"七纵三横"的高速公路、高速铁路路线，以及各城市地铁的研究上。

真不愧是铁路子弟出身啊。

我要吹小号

儿子学校的民乐团招新人，因为儿子学了钢琴，初通音律，被推荐去学小号。可是小号学起来难度大，用儿子的话说："钢琴只要手指头就能搞定，而小号要自己把音乐给吹出来。"因此上了一个阶段后，很多孩子纷纷自我放弃，不练了。

我们也在清理、整顿兴趣班，想把周六给空出来，好进行各种好玩的事儿，当时儿子报的兴趣班有英语、数学、钢琴、足球和小号，我和孩子他妈都倾向于停了小号，而且彼时儿子在小号的学习中也遇到了瓶颈，进步缓慢。未曾想，儿子坚持要继续学小号，而愿意放弃英语的学习。有点儿出乎意料，但是我非常赞同。孩子多变的兴趣需要在不同的阶段聚焦，儿子做出这样的选择，是他思考的结果，是他做出的决定，这要比我们推着他去实践某个兴趣更有动力。

音乐是我的弱项，可咱不能放弃，得琢磨琢磨怎样做个推手。于是我也开始跟儿子学起钢琴来。岁月不饶人啊，他已经学到"小汤五"了，我还在"小汤二"徘徊呢。但是我当儿子的学生，霎时让孩子觉得自己比较高深，都可以教爸爸了。小号也一样，我也准备跟着学习一下。我的落后和不足，儿子都看在眼里，在他"教导"我的时候，既能复习他所学的，又能鼓励他多学。

不是说，当父母的适当时候要示弱吗？跟儿子学习自己不擅长的东西，那是真的弱。我的进步不也可以成为孩子信心的来源吗？

何况，我是真心想学一种乐器。

钢琴我跟着儿女一起学，进度远远落后，但是也不影响我这个中年人跃跃欲试和怡情自乐。在给儿童们讲读故事的过程中，我还学习了非洲鼓什么的，只是为了活跃故事现场气氛。在我的心目中，学习古琴是一个似乎遥不可及的梦想，不知道何时能静下心来，正襟危坐，操琴在手……我的意思是，对于这些爱好，如果愿意学习未必非得从小开始，留一些美好待儿女未来去发现，去学习，不亦乐乎！

好绘本慢慢读

《第一次自己坐巴士》

"这是我第一次自己坐巴士。妈妈给我带了吃的，还让我穿上外套，说怕我会冷。"

妈妈担心第一次坐巴士的克拉拉，但是妈妈不可能想象得到，她的小女孩在去看外婆的路上会有多么精彩的经历！

一路上，巴士带着克拉拉走过街道，穿过森林，钻进漆黑的隧道，好多动物角色的陪伴让她的旅程丰富多彩！

带孩子去探险
——呵护孩子的好奇心

城市里哪里有险可探？

如何带着孩子去探险？

　　孩子过了3岁，对周围一切不熟悉的东西有了"探险"的冲动，特别是男孩子，天生有着探险家的潜质。对这种天性适当地引导，尤其是爸爸的参与，非常有助于孩子的身心发展，形成积极开拓的性格特点。

　　身处城市之中，除了利用周末带孩子到郊区野外公园接触大自然，还可以利用城市的公共空间让孩子进行有兴趣的探险，对增强身体素质和意志力也有好处。孩子们的探险可不一定很刺激、很复杂，可能离开平日走的大道到一条小路、到小区的地下室、到一片野地都是他们心目中的探险。我家附近的转河边、我们楼闲置的B2层、神秘的地铁车辆段大院，这些也都能成为我和儿子的探险之地。

锻炼体力和意志力

　　探险是体力和意志品质锻炼的绝佳活动。

有些探险活动还可以让孩子变得勇敢与坚强。而这种品质，是当今日趋激烈的竞争社会所必备的。孩子心目中的"险"好比是他们这个年龄的"挫折"和"困难"，需要孩子勇敢地面对。

我们住的楼地下二层一直没有用，很多大孩子会下去玩。儿子也一直很想去探险，我就和他下去过。下面空旷的场地和幽暗的灯光，还是让他有点儿紧张。我们去过两次后，儿子已经可以自己下去转转了。不仅如此，他还拉着小区里其他害怕而不愿意下去的小朋友一起"探险"呢。探险是锻炼孩子意志力的好机会，会让孩子们勇敢起来。

儿子4岁多的时候，我们沿着京张铁路线四道口（学院南路）西南分出的一条铁路支线暴走。我们俩一人一条铁轨走"平衡木"，儿子的平衡性弱一些，平常要他练，他根本不理睬，现在不用我提要求，他就兴致勃勃地在铁轨上走。

走完了平衡铁轨，儿子又在枕木上跨起了大步。平时走路不长就喊累，探险起来可不觉得累。可见，探险也是个锻炼体力的好活动。

探险还能让孩子发现生活的种种不同。

铁路探险时，我们看到铁路两侧的平房已经拆得差不多了。还有些房子紧紧挨着铁路，儿子说："还好不通火车了，要不然，住在铁路旁边多吵啊。"有户人家门上挂着可爱的儿童涂鸦的图，儿子还说这个挺好看的呢，然后又想起来什么，说"这家肯定有小孩，住在铁道边该多危险啊"。他还看到有户人家门口堆着煤球，就问这是什么啊？我就把从柴火到煤球再到天然气这样的发展过程说给他听。这些不同让他知道社会不仅仅是高楼大厦，也有低矮平房；不仅有入户的天然气，也有煤球。这些都是书本上学不到的知识，会拓宽孩子看问题的思路。

锻炼观察力

探险还可以提高孩子的观察力。

探险活动可以让孩子放松身心、激发孩子的求知欲，培养儿童长时间集中注意力的能力，带来日常生活中体会不到的快乐。在探险活动中，他们会观察周围的事物，收集各种信息来帮助自己或者提供给家长做出决定。

我们走在干涸的河底，儿子会问为什么这个河底不是烂泥，而是水泥板。是啊，他观察到的这个问题我都不好回答。

我们走在铁轨上，儿子发现路边有快被埋没的铁路标志，铁轨上还有英文和数字。他还发现垃圾比较多，几只流浪猫懒洋洋地走过。

探险还能增强爸爸与儿子的亲子关系。

探险也是让爸爸妈妈把自己的见识传递给孩子的好机会，孩子会有这样那样的问题，对看到的事物好奇，家长应该以最大的诚意去解答。

探险活动中，路近的步行或者骑自行车，路远的我们就坐公交车去。在探险的路途中，一起走路，一起观察，一起谈相关的知识，不仅教给儿子知识，还能增强他的信心，更重要的是，增加了彼此之间的信任，要是最终形成了平等的朋友关系，这可比书房教育、饭桌训话要管用得多。

每次探险回来，儿子都会跟姥姥、妈妈、妹妹和邻居好友讲他的所见所闻，津津乐道之中，总是提到"我爸爸带我去探险"，这不仅让孩子见多识广，这种甜蜜回忆越多，家人间的凝聚力也会越强。

探险还让人满怀期待。每次探险结束，我都会和儿子计划下一次的探险。真希望我能一直做儿子的探险旅伴，直到他独自上路。

好绘本慢慢读

《第一次野营》

作者用细腻的笔触和文字描绘了小南第一次野营的经历。她的期待、兴奋、小小的不安，深深地打动了我们的心，让我们仿佛重新回到了童年时代，想起那个第一次去尝试、去学习的自己。作者用底色的变化来表现天色的明暗、周边环境的变动，细节设计别具匠心。

温暖推荐

我认识一慢先生的时候，他正作为领导在给我们这些华东区销售代表做培训。没错，一慢没当先生之前是我们常说的那种社会精英分子——每隔几年，或做 IT 高管了，或投资新媒体了，给我无限向上的正能量，似乎只要你努力，成功就能降临身边，直到有一天我遇到事业瓶颈打电话给他。"李总，最近忙吧？我有个项目你帮我看看有没有合作客户推荐啊？""哎呀，不好意思，我这两年还真是闲得很，天天在家带闺女呢！"我立马以为李总是不是投资失败遭遇低谷了，正惊诧地寻找妥帖的词句企图安慰，他那边紧接着就问上了，根本没给我插话的机会，"你最近在看什么书？有没有陪儿子一起读书？我上回给我闺女读的几本书真的很不错，我回头把书目发给你，你自己要先好好看，然后再给你儿子读。他没这习惯是吧？那你先从睡前开始养成一个习惯……"此次联络效果真是差极了，效率也极低。听他絮叨了半个小时，一个客户也没给我推荐，但奇怪的是，挂了电话的我内心居然平静极了，夸张一点形容那真是像极了一只暴躁的猴子听了一段佛乐后的平静。不是说他多么超脱，而是反衬出浸淫在各种 KPI 和进度表中的我多么浮躁！浮躁到能把自己的生活映射到孩子身上。我在孩子的教养上同样充满了目标、进度、效率、效果，独独没有一慢二看三玩。甚至最最原始的母爱行为——陪孩子读书讲故事都忘了。我把一慢推荐的书买回来自己先细细读，开始关注一慢的微博，跟公司请假去听一慢的讲座，我学着慢下来，慢、下、来……一个在市场法则中取得成功的男人主动停下来转身投入到爱的教育中，我作为一个妈妈哪来那么多的理由说停不下来、慢不下来？现在，我不会告诉你，我慢下来以后没有失去什么，反而得到更多。我也不会告诉你，我的生活和工作都因为我慢下来而有了意想不到的好的转变。至于是不是受了一慢的影响，我也开始耕耘幼教事业了呢？这是一个秘密！

——湖南金鹰卡通卫视幼教事业部总监　刘娜

不用想就知道，爸爸的作用跟妈妈不同。比如，爸爸比妈妈会跟孩子疯，那些需要疯的游戏就得爸爸来做。还有更潜在的影响，爸爸的男性思维会给孩子带来不一样的思维角度。这可不只是男孩子的爸爸的功课哦！女孩子也要从爸爸那里学会一些异性思维方式，这对女孩子的成长很有帮助；女孩子还能第一次从爸爸那里得到异性的赞美和认可，这对女孩子树立自信心、长大后正确处理同异性的关系很重要。

一慢最得意的，大概是自己有儿有女的生活了。所以我想，他的育儿建议对男孩子和女孩子的家长，还有两个孩子的家长，都会有很多启发意义。

——碧桐书院创始人　周晓音

和一慢认识时，他已在儿童阅读领域颇有建树。出于对"爸爸需要怎样的支持"的共同关切，我们合作的机缘开始了。一来二去，他的形象也从一个会说故事的专业型老爸，到一个通达践行的全能型老爸，在我心里日益丰满起来。现在，一慢把他如何做个好爸爸的秘密，也编到了故事里，娓娓道来。讲故事的人都有魔力呐，不知不觉读完，自动开始冥想整合，开始心灵转化，照见养育的本质。

这本书的构想来自一慢的亲身经历——陪伴他的两个孩子，一慢，二看，三玩。

他天生有一种能耐，把鲜活的经验转成可以传递的资源，借以壮大自己，惠及他人。你会看到，他不慌不忙，带着孩子们耐心搭建"五个一工程"，在城市间"探险"，在游学之旅中涵养人格、思考人生，时而庄严，时而可亲。舍弃了深奥的理论灌输，每一"计"都是亲身验证的总结，都有深入浅出的说明，手把手的指导。

教养需三分教七分等。教的艺术如何探寻？等的火候如何把控？一慢用文字搭建了一个养育体验剧场。而我们，舒适地听着，吸收养分，得到滋润，获得平静。

——《时尚育儿》执行主编　申艳

一慢对儿女的用心可谓惊人。不少父母一时兴起，也偶尔会有些好点子好经验，可一慢不同。他把儿女的成长与他个人的追梦如此和谐地相融与相促，所以，无论是他对教育大框架的构建，还是与孩子相处的点滴，都显露出他极其自然而又充满远虑的智慧和激情。

好奇心是儿童智慧的嫩芽，成人是儿童的榜样，一慢像个孩子一样，与儿女一起充满好奇地探索世界，体验生活。这本书除了让我们羡慕和赞叹，还能激发我们沉寂已久的梦想，撩拨起我们出发的欲望，唤醒我们发现美的心灵。

最重要的是，我们也开始慢下来，享受与孩子在一起的快乐时光……

——《学前教育》副社长、副主编，中国教育学会家庭教育专业委员会理事　李一凡